菓子研究家的創意馬芬

嶄新又迷人的口味、香氣和材料用法

長田佳子 (foodremedies)

立道嶺央 (POMPON CAKES BLVD.)

田中博子 (créa-pâ)

ムラヨシマサユキ

今井洋子 (roof)

原 亜樹子

瑞昇文化

前 言

馬芬，是一種只要把材料依序加入調理盆攪拌，
然後放入烤模裡烘烤就能完成的點心，真的非常簡單。
基本材料也只需要麵粉、砂糖、雞蛋和油脂，不需要其他特別材料。

其實簡單烘烤過後吃起來就很好吃，
不過本書是由目前大受矚目的
多位著名甜點師傅與點心研究家，
聯手介紹口味與外觀都不同於以往的
「嶄新的馬芬」。

例如將馬芬浸在洋酒風味濃厚的糖漿裡，
添加鮮奶油，做成像甜點一樣的食物。
不使用雞蛋或乳製品，只用植物性食材製作的輕食。
加入大量蔬菜，降低甜味，
也有充分發揮香料和咖啡香氣的馬芬。

做為底座的馬芬蛋糕體，
別說是使用不同材料，其實光是使用不同的配方或是攪拌方式，
吃進口中的感覺就會有所改變。
還請務必著眼於
6位大廚6種蛋糕體的不同口感與舌尖體驗。

除了當成點心和茶搭配食用，
馬芬也很適合作成早餐或輕食。
體積輕巧，方便攜帶，
當成慰勞品或禮品也是再合適不過。

如果能讓大家在各種不同的場合上
盡情享用種類豐富又好吃的馬芬，就是最幸福的一件事了。

Contents

【本書的使用方法】

●1大匙為15ml、1小匙為5ml。　　●奶油不含鹽，全麥粉種類為低筋全麥粉。

●烤箱的溫度及烘烤時間皆為預估值。實際情形會根據熱源與機種而有所不同，請視情況進行調整。

此外，p.8～17、70～81、84～95用的是瓦斯烤箱，p.20～31、36～49、52～65用的是電烤箱。

1.

長田佳子小姐（foodremedies）

加入香料的馬芬

長田小姐的馬芬烤模

使用的烤模尺寸為
直徑6.5cm×高度5cm（右上）
直徑6cm×高度4.5cm（右下）
直徑7cm×高度3.5cm（左上）
直徑4.5cm×高度3cm（左下）。

　　製作甜點時，香料是不可或缺的材料之一。香料所擁有的獨特甜香和刺激性的氣味，能讓味道更有深度，創造出充滿獨特風味的美味。

　　我經常使用的香料，除了肉桂、香草等比較普遍的東西之外，還有香氣清爽的小豆蔻，充滿清涼感的生薑，以及咖哩粉的主要成份孜然等。這些香料在一般料理當中也很常見。因為幾乎都是加進麵糊，所以粉狀應該會比較容易使用，不喜歡香料的人也會比較容易入口。至於使用量，因為份量如果加入太少，味道就會變得模糊不清，所以建議一定要加入充足的份量。完成品將會充滿個人風格，進而誕生出全新的美味。

　　這裡介紹的馬芬，主要著眼於素材與香料之間的配合。很希望大家都能感受到這些配合當中的樂趣所在。此外，最後添加的奶油裡也加了和馬芬一樣的香料，藉此讓滋味更上一層樓。

　　對我來說，馬芬與其說是甜點，其實更像是用來應付嘴饞的零食。太大的馬芬會吃不完，所以只要做自己想吃的大小和簡單內餡即可。小小一個卻能大大滿足，這就是我理想中的甜點。

Kako Osada

甜點研究家。在餐廳、法式烘焙坊等地累積實務經驗，並於有機咖啡廳擔任廚房主廚。曾在「PLAIN BAKERY」擔任開發、製造，目前則是不拘泥於店鋪，以「foodremedies」之名參與各大甜點教室，或是以出差形式參加甜點活動。使用香草或香料，每日孜孜不倦地研究讓身體自然感受到美味的點心。著有《foodremediesのお菓子》（日本地球丸出版）。
http://foodremedies.info/

肉桂加酢橘馬芬

肉桂甘甜又帶著一抹辛辣的香氣,與酢橘清爽的香味互相搭配,
完成一道微帶日式風格而且獨具風味的馬芬。
重點就在於不光只是加入麵糊,連最後修飾的鮮奶油也要添加肉桂。

材料（直徑7cm×高度3.5cm的紙杯模5個）

奶油 — 80g

蔗糖 — 55g

雞蛋（中）* — 1個

蛋黃（中）— 1個

低筋麵粉 — 100g

全麥粉 — 20g

泡打粉 — 4g

肉桂粉 — 1g

牛奶 — 60ml

紅茶茶葉（大吉嶺）— 1g

酢橘 — 1個

● 酢橘肉桂鮮奶油（容易製作的份量）

　奶油乳酪 — 50g

　蔗糖 — 3g

　鮮奶油 — 20g

　酢橘皮（磨成碎末）— 1撮

　肉桂粉 — 1撮

● 裝飾

　酢橘薄片 — 5片

　肉桂粉 — 少許

＊日本分類M size連殼約58～64g，M size雞蛋的蛋黃約20g。

前置作業

・將奶油、奶油乳酪放置至室溫。

・用研缽將紅茶茶葉磨成粉末。

・將雞蛋與蛋黃打散，用接近體溫的溫水隔水加熱（a）。牛奶也同樣隔水加熱。

・將麵糊用酢橘的外皮磨成碎末，對切。

・將烤箱預熱至180度。

作法

1 將奶油和蔗糖放入調理盆，用攪拌器仔細攪拌（b），再將蛋液分次加入攪拌均勻（c）。加入過程中必須盡量避免油水分離。

2 將低筋麵粉、全麥粉、泡打粉、肉桂粉和紅茶茶葉混合篩入（d），用矽膠刮刀大略攪拌混合（e）。

3 在完全混合均勻之前加入牛奶，攪拌均勻後加入酢橘皮並榨出果汁（f），仔細攪拌。

4 等量填入紙杯模裡（g），將表面撫平，放進180度烤箱烤22分鐘。

5 製作酢橘肉桂鮮奶油。將奶油乳酪和蔗糖放入調理盆，用刮刀攪拌，再加入鮮奶油和酢橘皮仔細攪拌直到變得光滑。最後加入肉桂粉攪拌均勻（h）。

6 等馬芬冷卻後，將酢橘肉桂鮮奶油倒入裝有圓型擠花嘴的擠花袋裡擠出來（i）。放上酢橘薄片，灑上肉桂粉。

茴香加酸奶油馬芬

白蘭地醃漬調味的杏桃乾和茴香籽帶來深刻的印象。
運用奶油乳酪、奶油、白巧克力，
還有茴香粉製作的鮮奶油，
其美味所帶來的衝擊絕對超乎想像。會上癮的好滋味！

材料（直徑6.5cm×高度5cm的鋁杯模3個）

奶油 — 75g

棕糖* — 35g

雞蛋（中）— 1個

低筋麵粉 — 45g

杏仁粉 — 20g

泡打粉 — 4g

鹽 — 0.5g

酸奶油 — 20g

杏桃乾 — 4個

白蘭地 — 10ml

茴香籽 — 1撮

● 茴香鮮奶油

　奶油乳酪 — 50g

　奶油 — 50g

　烘焙用白巧克力 — 20g

　茴香粉 — 0.5g

食用花 — 適量

＊brown sugar：在本書泛指紅糖或黑糖。

前置作業

・將奶油（麵糊用與茴香鮮奶油用同時）和奶油乳酪放置至室溫。

・將雞蛋打散，用接近體溫的溫水隔水加熱。

・將杏桃乾切成小碎塊，灑上白蘭地並加入茴香籽，放置約30分鐘（**a**）。

・將烤箱預熱至180度。

作法

1 將奶油與棕糖放入調理盆，用攪拌器仔細攪拌，再將蛋液分次加入攪拌均勻（**b**）。加入過程中必須盡量避免油水分離。

2 將低筋麵粉、杏仁粉、泡打粉和鹽混合篩入，用矽膠刮刀大略攪拌混合（**c**）。

3 在完全混合均勻之前加入酸奶油，稍加攪拌後再加入杏桃乾和茴香籽攪拌均勻（**d**）。等量填入紙杯模裡，將表面撫平（**e**）

4 放進180度烤箱烤22分鐘，然後將烤箱溫度降至170度再烤3分鐘。

5 製作茴香鮮奶油。將白巧克力放入調理盆隔水加熱融化。讓調理盆離開熱水，加入奶油乳酪和奶油並用刮刀攪拌，再加入茴香粉攪拌均勻（**f**）。

6 等馬芬冷卻後，將茴香鮮奶油倒入裝有星型擠花嘴的擠花袋裡擠出來（**g**）。放上食用花裝飾。

 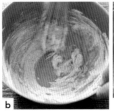   

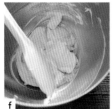 

小豆蔻加黑棗馬芬

使用新鮮的黑棗和草莓果醬，充滿水果風味的馬芬。
加入和草莓非常對味的小豆蔻，使甜味當中
更多了一股高雅的香氣，成為一道充滿深度的美味。

材料（直徑6cm×高度4.5cm的紙杯模5個）

奶油 — 50g

蔗糖 — 40g

雞蛋（中）— 1個

低筋麵粉 — 110g

泡打粉 — 5g

豆蔻粉 — 2g

原味優格 — 10g

牛奶 — 50ml

草莓果醬（市售品）— 45g

新鮮黑棗 — 2個

腰果 — 10g

前置作業

· 將奶油放置至室溫。

· 將雞蛋打散，用接近體溫的溫水隔水加熱。牛奶也同
  樣隔水加熱。

· 黑棗去除種子，切成6～8等份（**a**）。

· 將腰果放進180度烤箱烤10分鐘或是用平底鍋乾煎，
  然後用研缽磨碎。

· 將烤箱預熱至180度。

作法

1 將奶油與蔗糖放入調理盆，用攪拌器仔細攪拌，
  再將蛋液分次加入攪拌均勻（**b**）。加入過程中
  必須盡量避免油水分離。

2 將低筋麵粉、泡打粉和茴香粉混合篩入（**c**），
  用矽膠刮刀大略攪拌混合。

3 在完全混合均勻之前加入優格和牛奶並攪拌均勻
  （**d**），再加入草莓果醬然後輕柔攪拌（**e**）。

4 將 3 等量填入紙杯模裡，放上等量的黑棗（**f**）
  並灑上腰果。

5 放進180度烤箱烤20分鐘，然後將烤箱溫度降至
  170度再烤3分鐘。

生薑加
花生奶油馬芬

生薑沁鼻清涼的香氣，
搭配花生奶油和蜂蜜的濃醇，可說是絕妙。
使用甜味偏低的米糠油製作出來的蛋糕，吃起來清淡無負擔。
稍微放涼，然後放上奶油、灑上鹽巴享用，就是人間美味！

材料（直徑6cm×高度4.5cm的紙杯模4個）

雞蛋（中）⋯1個

棕糖⋯5g

蜂蜜⋯15g

花生奶油（無糖）⋯20g

牛奶⋯50ml

米糠油⋯30ml

低筋麵粉⋯100g

泡打粉⋯5g

榛果粉*⋯10g

薑粉⋯1g

椰絲⋯適量

奶油⋯適量

鹽⋯少許

＊如果沒有，可將烤過的榛果磨成粉之後使用。

前置作業

・將雞蛋打散，用接近體溫的溫水隔水加熱。

・將烤箱預熱至180度。

作法

1 將一半的牛奶加入花生果醬裡充分調勻（**a**）。

2 將蛋液和棕糖放入調理盆，用電子攪拌器攪拌，再加入蜂蜜繼續攪拌均勻（**b**）。

3 分次將米糠油加入 2（**c**），花5分鐘時間確實攪拌至起泡。

4 將低筋麵粉、泡打粉、榛果粉和薑粉混合篩入 3（**e**），用矽膠刮刀大略攪拌混合。

5 在完全混合均勻之前加入 1（**f**），仔細攪拌後加入剩餘的牛奶，攪拌均勻（**g**）。

6 等量填入紙杯模裡，灑上椰絲（**h**），放進180度烤箱烤20分鐘。

7 稍微冷卻後，放上奶油和少許鹽再享用。

孜然加香草的香蕉馬芬

香蕉馬芬的種類雖然多如繁星，但這道馬芬可是融合了
孜然與香草風味，充滿異國情調。
添加酸奶油，讓口感充滿彈性也是魅力所在。
尺寸雖小，但美味程度讓人吃一個就能滿足！

材料（直徑4.5cm×高度3cm的迷你杯模10個）

奶油－60g
香草豆莢－⅓根
棕糖－50g
雞蛋（中）－1個
低筋麵粉－60g
泡打粉－4g
孜然粉－1g
香蕉－½根（45g）
酸奶油－25g
香蕉乾－適量

前置作業

・將奶油放置至室溫。
・將雞蛋打散，用接近體溫的溫水隔水加熱。
・將香草豆莢的種子刮出來（**a**）。
・將烤箱預熱至180度。

作法

1 香蕉切片，用叉子搗成泥狀（**b**）。
2 將奶油、香草種子和棕糖放入調理盆（**c**），用
  打蛋器攪拌均勻。
3 將蛋液分次加入 **2** 並仔細攪拌（**d**）。加入過程
  中必須盡量避免油水分離。
4 將低筋麵粉、泡打粉和孜然粉混合篩入 **3**，用矽
  膠刮刀大略攪拌混合（**e**）。
5 加入香蕉稍加攪拌（**f**），然後加入酸奶油攪拌均
  勻（**g**）。等量填入杯模，撫平表面（**h**）。
6 放進180度烤箱烤15分鐘，然後將烤箱溫度降至
  170度再烤3分鐘。烤好之後放上香蕉乾裝飾。

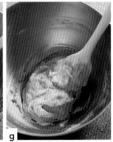

2.

立道嶺央先生（POMPON CAKES BLVD.）

使用咖啡的馬芬

立道嶺央先生的馬芬烤模

使用的烤模尺寸為
直徑7cm×高度3cm。

「POMPON COKES」的甜點，是以母親在家做的蛋糕為出發點。目標是依照素材特性，做成一點都不花俏，卻會讓人每天都想吃的簡單蛋糕。此外，為了和咖啡搭配享用，特地將味道做得充滿特色。紮實的馬芬，和濃泡的咖啡非常搭配，不過那也是因為咖啡的苦味將馬芬的滋味緊緊鎖住的關係。

而我這次想出來的點子，就是在馬芬麵糊裡加入咖啡。透過加入咖啡，讓滋味更濃縮，更有深度，與甜味之間的平衡也變得更容易調整。

重點在於必須使用咖啡，而且是將深焙咖啡豆細磨，注入熱水緩緩滴漏而成的咖啡。如果直接加入咖啡粉，那麼咖啡豆燒焦的風味和粗糙的口感都會跑出來。另外再搭配藍莓和香料、白巧克力和抹茶、榛果和柑橘類等素材，完成充滿衝擊性的味道。

此外，麵糊倒入烤模之後一定要放進冰箱靜置一段時間再烤，則是我個人的小小堅持。因為這麼一來，馬芬就不會膨脹得太大，可以烤出相當飽滿的感覺。

不論是剛出爐或放置一陣子再吃，全部都很美味。製作的那一天，請務必和咖啡一起享用。

Leo Tatemichi

神奈川縣・鎌倉「POMPON COKES BLVD.」的店長。大學主修建築，也曾從事建築相關工作，但最後回到家鄉，受到在甜點教室教學的母親影響而開始製作蛋糕。後來用隨車移動販售這種獨特的方式在鎌倉當地博得了人氣，甚至取得1小時內賣完100個蛋糕的佳績。大約5年前開設實體店面。享受於對咖啡的堅持和製作口味柔和的獨創蛋糕。http://pomponcakes.com/

藍莓加肉桂奶酥的
咖啡馬芬

這就是當初使用咖啡製作馬芬的契機，最固定的搭配。
將藍莓對切冷凍，裹上低筋麵粉加進麵糊裡，
就能增添新鮮口感。草莓、鳳梨也能運用同樣的方法。

材料（直徑7cm×高度3cm的馬芬烤模6個）

低筋麵粉 – 100g

中筋麵粉（參照p.32）– 70g

泡打粉 – 2小匙

奶油 – 100g

白砂糖 – 80g

雞蛋（大）– 1個（60g）

藍莓 – 40g

低筋麵粉（藍莓用）– 1大匙

牛奶 – 40ml

鮮奶油（乳脂肪含量42～45%）– 20g

咖啡 – 30ml

● 肉桂奶酥

　低筋麵粉 – 30g

　白砂糖 – 45g

　奶油 – 37g

　肉桂粉 – 1小匙

前置作業

· 將60ml的熱水注入25g細磨的深焙咖啡豆緩緩滴漏
　（a），靜待咖啡冷卻（b）。使用其中的30ml。

· 將低筋麵粉、中筋麵粉和泡打粉混合。

· 將麵糊用的奶油放置至室溫。

· 將雞蛋打散。

· 將藍莓對切並冷凍。

· 將紙杯模放進馬芬烤模裡。

· 將奶酥用的奶油切成2cm丁冷藏。

· 將烤箱預熱至180度。

作法

1 製作肉桂奶酥。將低筋麵粉、白砂糖、奶油和肉桂粉放入食物調理機（c），打成乾燥粉狀也持續攪拌，直到稍微出油為止（d）。這時只要放進保鮮袋裡冷凍，就能保存大約1個月。

2 在冷凍藍莓外層裹上低筋麵粉（e）。

3 將牛奶、鮮奶油和咖啡混合均勻（f）。

4 過篩已經混合好的粉類。

5 將奶油加入調理盆，用電動打蛋器攪拌，開始發白之後將白砂糖分成兩次加入，攪拌均勻。然後將蛋液分成兩次加入攪拌（g），使之乳化。

6 將⅓的 3 加入 5 的調理盆並用刮刀攪拌，然後加入⅓的 4 攪拌均勻（h）。趁還殘留著粉末感的時候，依序加入⅓的 3 和⅓的 4 並攪拌。隨後加入 2 的藍莓（i），再把剩下的 3 和 4 依序加入攪拌。將麵糊等量填入烤模，放進冰箱冷藏1～2小時。

7 放上 1 的肉桂奶酥（j），放進180度烤箱烤20～25分鐘。等冷卻後從烤模中取出。

巧克力加起司奶油的
咖啡馬芬

加了可可亞和咖啡的麵糊和起司奶油的平衡感絕佳。
最後放上去的巧克力奶酥要把麵糊整個蓋過去再送進烤箱。
奶酥可以一次做起來放著。放在冷凍庫可以保存1個月。

材料（直徑7cm×高度3cm的馬芬烤模6個）

低筋麵粉 … 90g

中筋麵粉（參照p.32）… 60g

泡打粉 … 2小匙

可可粉 … 30g

奶油 … 100g

白砂糖 … 80g

雞蛋（大）… 1個（60g）

牛奶 … 40ml

鮮奶油（乳脂肪含量42～45%）… 20g

咖啡 … 30ml

● 起司奶油

　奶油乳酪 … 80g

　白砂糖 … 8g

　蛋黃 … 1大匙

● 巧克力奶酥

　低筋麵粉 … 30g　白砂糖 … 45g

　奶油 … 37g　可可粉 … 1小匙

前置作業

· 將60ml的熱水注入25g細磨的深焙咖啡豆緩緩滴漏，
　靜待咖啡冷卻。使用其中的30ml。

· 將低筋麵粉、中筋麵粉、泡打粉和可可粉混合。

· 將麵糊用的奶油和奶油乳酪放置至室溫。

· 將雞蛋打散。

· 將奶酥用的奶油切成2cm丁冷藏。

· 將紙杯模放進馬芬烤模裡。

· 將烤箱預熱至180度。

作法

1　製作巧克力奶酥。將低筋麵粉、白砂糖、奶油和巧克力粉放入食物調理機，打成乾燥粉狀也持續攪拌，直到稍微出油為止（**a**）。這時只要放進保鮮袋裡冷凍，就能保存大約1個月（**b**）。

2　製作起司奶油。將奶油乳酪和白砂糖放入調理盆，用刮刀攪拌，再加入蛋黃（**c**）攪拌至平滑。

3　將牛奶、鮮奶油和咖啡混合均勻。

4　過篩已經混合好的粉類。

5　將奶油加入調理盆，用電動打蛋器攪拌，開始發白之後將白砂糖分成兩次加入，攪拌均勻。然後將蛋液分成兩次加入攪拌，使之乳化。

6　將⅓的 3 加入 5 的調理盆並用刮刀攪拌，然後加入⅓的 4 攪拌均勻（**d**）。趁還殘留著粉末感的時候，依序加入⅓的 3 和⅓的 4 並攪拌。最後再把剩下的 3 和 4 依序加入攪拌（**e**）。

7　將一半的麵糊等量填入烤模，平均鋪上起司奶油，再填入剩下的麵糊（**f**）。放進冰箱冷藏1～2小時。

8　放上 1 的巧克力奶酥，放進180度烤箱烤20～25分鐘。等冷卻後從烤模中取出。

抹茶加白巧克力的
咖啡馬芬

融合了抹茶的甘甜與咖啡的香醇，充滿深度的味道是最大的魅力所在。
再加入白巧克力一起烘烤，成為百吃不厭的一道馬芬。
若是使用顏色鮮綠的抹茶，就能讓顏色烤得更漂亮。

材料（直徑7cm×高度3cm的馬芬烤模6個）

低筋麵粉 — 100g

中筋麵粉（參照p.32）— 60g

泡打粉 — 2小匙

抹茶 — 10g

奶油 — 100g

白砂糖 — 80g

雞蛋（大）— 1個（60g）

烘焙用白巧克力 — 50g

牛奶 — 40ml

鮮奶油（乳脂肪含量42～45%）— 20g

咖啡 — 30ml

●裝飾用

│ 烘焙用白巧克力 — 25g

前置作業

‧將60ml的熱水注入25g細磨的深焙咖啡豆緩緩滴漏，
　靜待咖啡冷卻。使用其中的30ml。

‧將低筋麵粉、中筋麵粉、泡打粉和抹茶混合。

‧將奶油放置至室溫。

‧將雞蛋打散。

‧將白巧克力切成5mm丁。

‧將紙杯模放進馬芬烤模裡。

‧將烤箱預熱至180度。

作法

1　將牛奶、鮮奶油和咖啡混合均勻（**a**）。

2　過篩已經混合好的粉類（**b**）。

3　將奶油加入調理盆，用電動打蛋器攪拌，開始
　　發白之後將白砂糖分成兩次加入，攪拌均勻
　　（**c**）。然後將蛋液分成兩次加入攪拌（**d**），使
　　之乳化。

4　將⅓的 1 加入 3 的調理盆並用刮刀攪拌（**e**），
　　然後加入⅓的 2 攪拌均勻（**f**）。趁還殘留著粉
　　末感的時候，依序加入⅓的 1 和⅓的 2 並攪拌
　　（**g**）。隨後加入白巧克力拌勻（**h**），再把剩下
　　的 1 和 2 依序加入攪拌。將麵糊等量填入烤模，
　　放進冰箱冷藏1～2小時。

5　放進180度烤箱烤20～25分鐘。稍微冷卻後，將
　　裝飾用白巧克力隔水加熱融化，用湯匙淋上去
　　（**i**）。完全冷卻後從烤模中取出。

焦糖咖啡馬芬

只要把自家製焦糖醬加入麵糊就能輕鬆享用的馬芬。
在容易偏甜的焦糖裡加入咖啡的苦味，
藉此取得味道的平衡。不論什麼時候吃都不會膩的好滋味。

材料（直徑7cm×高度3cm的馬芬烤模6個）

低筋麵粉…100g

中筋麵粉（參照p.32）…70g

泡打粉…2小匙

奶油…100g

白砂糖…80g

雞蛋（大）…1個（60g）

牛奶…40ml

鮮奶油（乳脂肪含量42～45%）…20g

咖啡…30ml

● 焦糖醬（容易製作的份量）

　白砂糖…80g

　水…40ml

　熱水…¼杯

　奶油…10g

　鮮奶油（乳脂肪含量42～45%）…¼杯

前置作業

· 將60ml的熱水注入25g細磨的深焙咖啡豆緩緩滴漏，靜待咖啡冷卻。使用其中的30ml。

· 將低筋麵粉、中筋麵粉和泡打粉混合。

· 將奶油放置至室溫。

· 將雞蛋打散。

· 將紙杯模放進馬芬烤模裡。

· 將烤箱預熱至180度。

作法

1 製作焦糖醬。將白砂糖和水放入平底鍋，開中火。即使開始沸騰也不要晃動鍋子，放置5～7分鐘直到變成咖啡色為止。將熱水分成兩次倒入（**a**），轉動平底鍋加以混合。加入奶油（**b**），再加入鮮奶油，轉小火攪拌均勻（**c**）。煮滾之後關火，盛裝至調理盆。

2 將牛奶、鮮奶油和咖啡混合均勻。

3 過篩已經混合好的粉類。

4 將奶油加入調理盆，用電動打蛋器攪拌，開始發白之後將白砂糖分成兩次加入，攪拌均勻。然後將蛋液分成兩次加入攪拌，使之乳化。加入50g的焦糖醬（**d**），仔細攪拌均勻（**e**）。

5 將⅓的 2 加入 4 的調理盆並用刮刀攪拌，然後加入⅓的 3 攪拌均勻。趁還殘留著粉末感的時候，依序加入⅓的 2 和⅓的 3 並攪拌。最後再把剩下的 2 和 3 依序加入攪拌（**f**）。

6 將麵糊等量填入烤模（**g**），放進冰箱冷藏1～2小時。

7 放進180度烤箱烤20～25分鐘。稍微冷卻後，用湯匙淋上適量的焦糖醬（**h**），完全冷卻後從烤模中取出。

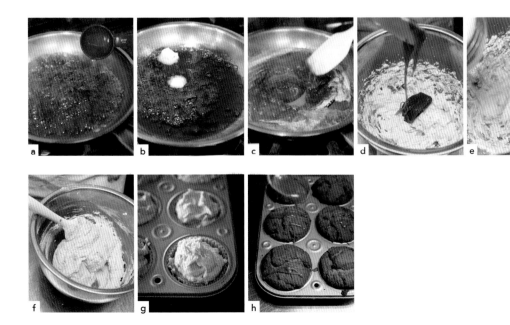

酸櫻桃可可咖啡馬芬

酸櫻桃含有酸味，經常在做派的時候用來填料。
這裡的做法是將蔗糖、低筋麵粉，以及秘方肉豆蔻稍微煮過，
一起加進馬芬麵糊裡。除了能添加綿密的口感，
和可可＆咖啡蛋糕體更是絕配。

材料（直徑7cm×高度3cm的馬芬烤模6個）

低筋麵粉…90g

中筋麵粉（參照p.32）…60g

泡打粉…2小匙

肉豆蔻粉…1小匙

可可粉…30g

奶油…100g

白砂糖…80g

雞蛋（大）…1個（60g）

● 糖漬酸櫻桃

  酸櫻桃（水煮罐頭）…160g

  白砂糖…25g

  低筋麵粉…8g

  肉豆蔻粉…少許

牛奶…40ml

鮮奶油（乳脂肪含量42～45%）…20g

咖啡…30ml

烘焙用苦巧克力…25g

前置作業

・將60ml的熱水注入25g細磨的深焙咖啡豆緩緩滴漏，靜待咖啡冷卻。使用其中的30ml。

・將低筋麵粉、中筋麵粉、泡打粉、肉豆蔻粉和可可粉混合。

・將奶油放置至室溫。

・將糖漬酸櫻桃的白砂糖、低筋麵粉和肉豆蔻粉混合過篩。

・將雞蛋打散。

・將紙杯模放進馬芬烤模裡。

・將烤箱預熱至180度。

作法

1 製作糖漬酸櫻桃。將酸櫻桃放進鍋內，開小火，將已經過篩的白砂糖、低筋麵粉和肉豆蔻粉加進去，一邊攪拌一邊加熱（a）。煮好後倒在方盤上放置冷卻（b）。

2 將牛奶、鮮奶油和咖啡混合均勻。

3 過篩已經混合好的粉類（c）。

4 將奶油加入調理盆，用電動打蛋器攪拌，開始發白之後將白砂糖分成兩次加入，攪拌均勻。然後將蛋液分成兩次加入攪拌，使之乳化。

5 將⅓的 2 加入 4 的調理盆並用刮刀攪拌，然後加入⅓的 3 攪拌均勻。趁還殘留著粉末感的時候，依序加入⅓的 2 和⅓的 3 並攪拌。最後再把剩下的 2 和 3 依序加入攪拌。

6 將一半的麵糊等量填入烤模，平均放上糖漬酸櫻桃（d），再填入剩下的麵糊（e）。放進冰箱冷藏1～2小時。

7 放進180度烤箱烤20～25分鐘。稍微冷卻後，將苦巧克力板隔水加熱融化，用湯匙淋上去（f）。完全冷卻後從烤模中取出。

薑麵包咖啡馬芬

加了薑、肉桂、小豆蔻和肉豆蔻的馬芬，
擁有迷人的香氣和滋味，好吃到讓人忍不住一口接一口。
使用甜味特殊的粗糖，再用紅胡椒增加口味的起伏。

材料（直徑7cm×高度3cm的馬芬烤模6個）

低筋麵粉 … 100g
中筋麵粉（參照p.32）… 70g
泡打粉 … 2小匙
肉桂粉 … 1小匙
薑粉、豆蔻粉、肉豆蔻粉 … 各⅓小匙
奶油 … 100g
粗糖（未精製的砂糖）… 80g
雞蛋（大）… 1個（60g）
牛奶 … 40ml
鮮奶油（乳脂肪含量42～45%）… 20g
咖啡 … 30ml
紅胡椒 … 少許
● 肉桂奶酥

低筋麵粉 … 30g 　白砂糖 … 45g
奶油 … 37g 　　　肉桂粉 … 1小匙

前置作業

· 參照p.21沖泡咖啡，使用其中的30ml。
· 將低筋麵粉、中筋麵粉、泡打粉和各種香料
　混合（**a**）。
· 將麵糊用的奶油放置至室溫。
· 將雞蛋打散。
· 將奶酥用的奶油切成2cm丁冷藏。
· 將紙杯模放進馬芬烤模裡。
· 將烤箱預熱至180度。

作法

1 參照p.21製作肉桂奶酥。
2 將牛奶、鮮奶油和咖啡混合均勻。
3 過篩已經混合好的粉類。
4 將奶油加入調理盆，用電動打蛋器攪拌，開始發
　白之後將粗糖分成兩次加入，攪拌均勻。然後將
　蛋液分成兩次加入攪拌，使之乳化。
5 將⅓的 2 加入 4 的調理盆並用刮刀攪拌，然後加
　入⅓的 3 攪拌均勻。趁還殘留著粉末感的時候，
　依序加入⅓的 2 和⅓的 3 並攪拌。隨後加入紅胡
　椒攪拌，再把剩下的 2 和 3 依序加入攪拌均勻。
6 將麵糊等量填入烤模，放進冰箱冷藏1～2小時。
7 放上奶酥（**b**），放進180度烤箱烤20～25分
　鐘。冷卻後從烤模中取出。

a　　　　　　　b

榛果加柑橘的咖啡馬芬

與咖啡極相配的榛果和柑橘互相合作。
糖漬柑橘皮用的是河內晚柑，不過也可以用柳橙。
至於頂部裝飾，比較適合選用果肉緊實、水分較少的柑橘類。

材料（直徑7cm×高度3cm的馬芬烤模6個）

低筋麵粉 … 90g
中筋麵粉（參照p.32）… 60g
榛果粉* … 20g
泡打粉 … 2小匙
奶油 … 100g
白砂糖 … 80g
榛果醬 … 20g
雞蛋（大）… 1個（60g）
喜歡的糖漬柑橘皮（已切好）… 50g
牛奶 … 40ml
鮮奶油（乳脂肪含量42～45%）… 20g
咖啡 … 20ml
君度橙酒 … 2小匙
喜歡的柑橘（例如小夏）、蛋黃 … 適量
烘焙用白巧克力 … 25g

＊如果沒有，可將烤過的榛果磨成粉之後使用。

前置作業

・參照p.21沖泡咖啡，使用其中的20ml。
・將低筋麵粉、中筋麵粉、榛果粉和泡打粉混合。
・將奶油放置至室溫。
・將雞蛋打散。
・將喜歡的柑橘去皮，切成薄片，去除種子。
・將紙杯模放進馬芬烤模裡。
・將烤箱預熱至180度。

作法

1 將牛奶、鮮奶油、咖啡和君度橙酒混合均勻。

2 過篩已經混合好的粉類。

3 將奶油加入調理盆，用電動打蛋器攪拌，開始發白之後將白砂糖和榛果醬分成兩次加入，攪拌均勻。然後將蛋液分成兩次加入攪拌，使之乳化。再加入糖漬柑橘皮混合攪拌。

4 將⅓的 1 加入 3 的調理盆並用刮刀攪拌，然後加入⅓的 2 攪拌均勻。趁還殘留著粉末感的時候，依序加入⅓的 1 和⅓的 2 並攪拌。最後再把剩下的 1 和 2 依序加入攪拌均勻。

5 將麵糊等量填入烤模，放進冰箱冷藏1～2小時。

6 放進180度烤箱烤20～25分鐘。中途烤到10～15分鐘時先暫時取出，在切好的柑橘薄片抹上蛋黃，使之黏在馬芬上，然後繼續烘烤完成。

7 稍微冷卻後，將白巧克力隔水加熱融化，用湯匙淋上去。完全冷卻後從烤模中取出。

用於製作馬芬的「最順手的麵粉」

馬芬的基本材料有粉類、油脂、蛋、砂糖，額外可添加乳製品。
使用不同的材料，味道就會有所變化，不過通常最重要的是主要材料麵粉。
雖然通稱為麵粉，但種類其實非常繁多。必須依照自己想做的馬芬口感來加以挑選。

低農藥麵粉（上）
低農藥全麥粉（下）

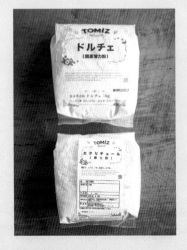

ドルチェ（上）
エクリチュール（下）

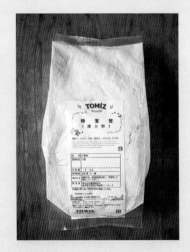

特寶笠

長田佳子小姐（foodremedies）

我通常會把低筋麵粉和全麥粉混在一起製作馬芬蛋糕體，用的是產自北海道洞爺湖町的阿部自然農園的低農藥麵粉和全麥粉。小麥以自然的方式成長收穫，並小心翼翼地製成麵粉。這裡生產的全麥粉烤起來不會太厚重，也不會太空洞，吃起來蓬鬆綿密而且風味獨特，非常美味。

立道嶺央先生（POMPON CAKES BLVD.）

使用100%北海道產小麥的「ドルチェ」擁有紮實的口感，能夠充分感受到小麥的風味。至於使用100%法國產小麥的「エクリチュール」，特徵則是帶有歐洲甜點特有酥脆和鬆軟口感，通常都是當成烘焙點心的中筋麵粉使用。將這兩種麵糊混合在一起，就能烤出紮實卻又鬆脆、口感獨特的馬芬。

田中博子小姐（créa-pâ）

以馬芬為首，包含磅蛋糕、海綿蛋糕等所有烘焙點心所使用的麵粉，我都是使用增田製粉所的低筋麵粉「特寶笠」。特徵是麩質含量少，比較不容易破壞雞蛋打發後產生的氣泡。經過精心磨製而成，顆粒極細，因此可以混合得非常徹底，做出非常紮實而且口感良好的甜點。

モントレ

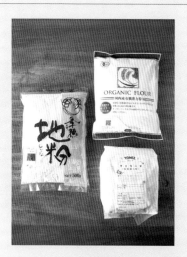

季穂 地粉全麥粉（左）
日本產有機低筋麵粉（右上）
ファリーヌ（右下）

クーヘン

ムラヨシマサユキ先生

因為這次介紹的是使用日式素材的馬芬，因此麵粉也選用了和菓子・蜂蜜蛋糕專用的低筋麵粉「モントレ」。口感細緻略帶濕氣，沒有輕盈感，屬於紮實而厚重的麵粉。光是玩味蛋糕體本身的味道就已經極富魅力。與抹茶、梅酒、白餡或味噌等日式素材互相搭配組合，也能得到相當良好的平衡，品嚐得到素材的美味。

今井洋子小姐（roof）

以國產無農藥小麥為原料、由かねこ製麵生產的「季穂 地粉全麥粉」，以及以青森縣產北神小麥為原料、由櫻井食品生產的「國內產有機低筋麵粉」，都具有十足的風味與濃醇，魅力在於安心又好吃。至於使用100%北海道產小麥的甜點用麵粉「ファリーヌ」，特徵是可以烤得輕盈蓬鬆。除了本書所介紹的馬芬，我所有養生飲食的烘焙點心都是將全麥粉和低筋麵粉混合在一起使用。

原 亜樹子小姐

用100%北海道產小麥的烘焙點心專用低筋麵粉「クーヘン」做成的蛋糕體，特徵是越嚼越有風味，可以充分享用毫無修飾的口感。非常適合像馬芬這種可以品嚐到素材本身滋味的甜點。可以用這種低筋麵粉為基礎，偶爾添加全麥粉或玉米粉，製作適合當成早餐食用的簡單馬芬。

3. 酒香濃厚的馬芬

田中博子小姐（créa-pâ）

田中小姐的馬芬烤模

使用的烤模尺寸為
直徑7cm×高度3cm（上）
直徑5.5cm×高度3cm（下）。

　馬芬最大的優勢就在於它的簡單。除了只需要將材料混合的簡單工程，使用馬芬烤模這種小型的烤模也能讓甜點很快烤熟、很快冷卻。因為多一層紙杯模，所以烤模的準備工作也很輕鬆，烤好之後馬上就能取出來。而且也不需要擔心加熱情形和膨脹狀態。如果換成水果塔烤模或磅蛋糕烤模就不能這樣了。所以對我來說，這份簡單就是最大的魅力所在。

　關於烤模，我特別喜歡自己在助手時期就非常熟悉的直徑5.5cm馬芬烤模。稍微偏小，讓人覺得應該可以再吃一個的尺寸。用這個烤模烤出來的馬芬，有種難以言喻的高雅感。

　此外，馬芬那蓬鬆的外觀看起來非常可愛，所以這裡會搭配使用奶油或糖漿，把成品做得像個小蛋糕一樣。還會一起介紹動用了奶油裝飾的花俏馬芬。

　最主要的重點則是洋酒。除了能夠多出一份酒的風味，還能突顯出甜味，讓人感覺十分清爽。像薩瓦蘭蛋糕那樣大量使用洋酒也完全沒問題。法國的亞爾薩斯地區有道歷史悠久的甜點，是把蒸餾酒淋在雪酪上，淋到幾乎融化的程度。加了酒的甜點就像餐後酒一樣，有助於消化。

Hiroko Tanaka

於調理製菓職業學校畢業後，任職於洋菓子店，曾擔任藤野真紀子女士的助手，隨後前往法國。在法國亞爾薩斯名店「Maison Ferber」的Christine Ferber女士門下學習亞爾薩斯地區的傳統點心與果醬的作法。歸國之後，以福岡為據點開設甜點教室或舉辦各種活動。著有《旅法甜點專家的手作甜塔　不用醒麵×免入模×1種塔皮創意變化》（台灣東販出版）、《極品果醬學：師承法國果醬女王的專門技術》（邦聯文化出版）、《法國甜點聖地的珍藏食譜：經典家傳配方、節慶宴會專用、水果點心與果醬，48種道地美味在家輕鬆做！》（台灣東販出版）。

杏仁酒風味
柳橙馬芬

使用了杏仁核做成的利口酒‧杏仁酒，
散發出濃郁芳香的馬芬。
在最後一道步驟塗上杏仁果醬、柳橙果汁和
杏仁酒糖漿，就是造就美味的重點。
這樣可以補足烘烤之後消失的柳橙水分，
讓馬芬變得更好吃。

材料（直徑7cm×高度3cm的馬芬烤模7個）

蛋（大）⋯1個
蛋黃（大）⋯1個
白砂糖⋯70g
杏仁粉（連皮）⋯40g
低筋麵粉⋯50g
奶油⋯50g

● 糖煮柳橙（容易製作的份量）

　柳橙⋯½個
　白砂糖⋯30g
　水⋯100ml

● 完工用糖漿

　柳橙原汁⋯30ml
　杏仁果醬⋯20g
　杏仁酒⋯1大匙

前置作業

・將杏仁粉和低筋麵粉各自過篩。
・將奶油隔水加熱融化，保持溫熱狀態。
・將紙杯模放進馬芬模具裡。
・將烤箱預熱至180度。

作法

1 製作糖煮柳橙。將柳橙切成3mm厚的半月形薄片，和白砂糖、水一起放入鍋中，開中火熬煮。煮滾之後轉小火，再煮大約15分鐘直到柳橙皮的白色部分變成透明為止，關火直接放涼。然後盛裝到墊有紙巾的方盤上，將水分吸乾（a）。

2 將蛋、蛋黃和白砂糖放入調理盆，一邊用打蛋器攪拌，一邊在調理盆底下開火。等麵糊稍微變乾便離開火源，再用電動打蛋器畫8字確實打到發泡（b）。

3 將杏仁粉加入2，用刮刀大略攪拌（c），再加入低筋麵粉持續攪拌（d），將溫熱的奶油分成3次加入攪拌均勻（e）。

4 將3的麵糊平均填入烤模裡，再分別放上1～2片的1（f）。放不下的麵糊，可以裝進放有紙杯模的耐熱容器裡，例如焗烤碗（g）。放進180度烤箱烤20～25分鐘。

5 製作完工用糖漿。將柳橙原汁和杏仁果醬放入鍋中，開火熬煮，攪拌至果醬融化，然後再放置沸騰約1分鐘。關火，加入杏仁酒（h），直接放置冷卻。

6 馬芬烤好之後從烤模當中取出，放在蛋糕冷卻架上，拿毛刷沾5的糖漿塗抹（i）。

原味馬芬
佐黑糖酒卡士達醬

把簡單的馬芬加工成一盤精緻的甜點。
卡士達奶油和風味圓潤的黑糖酒搭配組合，
做成入口即化的佐醬，與馬芬一同享用。
至於水果，柑橘類和莓果類可說是絕配。

材料（直徑5.5cm×高度3cm的馬芬烤模7個）

奶油 … 70g

上白糖 … 70g

鹽 … 1撮

蛋 … 40g

低筋麵粉 … 110g

泡打粉 … 4.5g

牛奶 … 30ml

酸奶油 … 15g

●黑糖酒卡士達醬（容易製作的份量）

　蛋黃（大）… 3個

　白砂糖 … 45g

　低筋麵粉 … 15g

　玉米粉 … 12g

　牛奶 … 250ml

　奶油 … 20g

　鮮奶油 … 100g

　黑糖酒或蘭姆酒 … 4大匙

喜歡的水果 … 適量

前置作業

・將奶油放置至室溫。

・將雞蛋打散。

・將麵糊用的低筋麵粉和泡打粉混合過篩。

・將卡士達醬用的低筋麵粉和玉米粉混合過篩。

・將紙杯模放進馬芬模具裡。

・將烤箱預熱至180度。

作法

1 用刮刀將牛奶和酸奶油攪拌均勻（**a**）。

2 將奶油放入調理盆中攪拌，加入上白糖和鹽，用電動打蛋器打入空氣，將蛋液分次少量加入攪拌均勻。

3 將過篩好的粉類加入 2，用刮刀攪拌（**b**），變得難以攪拌的時候將 1 倒進去（**c**），攪拌均勻（**d**）。

4 將麵糊平均填入烤模裡。放不下的麵糊，可以裝進放有紙杯模的耐熱容器裡，例如焗烤碗（參照p.37的照片**g**）。放進180度烤箱烤20～25分鐘，烤好後從烤模當中取出，放在蛋糕冷卻架上冷卻。

5 製作黑糖酒卡士達醬。將牛奶倒入鍋中加熱。

6 將蛋黃和白砂糖放入調理盆，用打蛋器持續攪拌至變白，然後加入已經過篩的粉類繼續攪拌。將 5 加進去（**e**）攪拌均勻，倒回鍋中。

7 開不會煮焦的中火加熱，同時用打蛋器持續攪拌，沸騰到內容物會和鍋底分離的時候就關火（**f**），加入奶油，一邊讓奶油融化一邊攪拌，最後倒入淺方盤。趁熱時緊緊貼著表面蓋上保鮮膜，稍微冷卻後放進冰箱冷藏。

8 將 7 過濾之後放入調理盆，將鮮奶油分次少量加入，用打蛋器攪拌（**g**），再加入黑糖酒攪拌至整體變得平滑（**h**）。

9 將馬芬和 8 裝盤，將水果切成容易入口的大小一併放上去。

蒙布朗馬芬

把加了蘭姆酒和糖漬栗子的馬芬，做成蒙布朗。
至於蒙布朗奶油霜用的是市面上販賣的成品，所以非常簡單。
添加一點酸奶油，以提升濃醇感和重量感。

材料（直徑5.5cm×高度3cm的馬芬烤模8個）

奶油 … 60g

上白糖 … 60g

鹽 … 1撮

蛋（大）… 30g

低筋麵粉 … 110g

泡打粉 … 4.5g

牛奶 … 30ml

蘭姆酒 … 1小匙

法式糖漬栗子（切碎）… 30g

● 蒙布朗奶油霜（容易製作的份量）

　栗子奶油（市售品）… 150g

　酸奶油 … 15g

　鮮奶油（乳脂肪含量42%以上）… 120g

　蘭姆酒 … 2小匙

● 裝飾用

│ 法式糖漬栗子（切碎）… 適量

前置作業

・將奶油放置至室溫。

・將雞蛋打散。

・將低筋麵粉和泡打粉混合過篩。

・將栗子奶油放進冰箱冷藏。

・將紙杯模放進馬芬模具裡。

・將烤箱預熱至180度。

作法

1 將奶油放入調理盆中攪拌，加入上白糖和鹽，用電動打蛋器打發至泛白。將蛋液分成兩次加入，攪拌均勻。

2 加入已經過篩好的粉類，用刮刀攪拌，變得難以攪拌的時候加入牛奶和蘭姆酒繼續攪拌（a），然後加入糖漬栗子攪拌均勻（b）。

3 將麵糊平均填入烤模（c），放進180度烤箱烤15～20分鐘。烤好後從烤模當中取出，放在蛋糕冷卻架上冷卻（d）。

4 製作蒙布朗奶油霜。將栗子奶油和酸奶油放進調理盆，讓調理盆底部浸泡冰水，然後用打蛋器攪拌（e）。加入鮮奶油繼續攪拌（f）。加入蘭姆酒，用電動打蛋器打至發泡（g、h）。

5 將奶油填入裝有蒙布朗擠花嘴的擠花袋裡（i），大量擠在馬芬上（j）。最後放上糖漬栗子裝飾。

開心果馬芬

混著開心果醬的馬芬和開心果奶油霜一同搭配。
馬芬加入上白糖，確實烤好，開心果奶油則是使用
和開心果非常對味的櫻桃利口酒·Kirschwasser櫻桃酒。

材料（直徑7cm×高度3cm的馬芬烤模6個）

奶油 — 70g

上白糖 — 60g

鹽 — 1撮

蛋 — 40g

開心果醬（市售品）— 15g

低筋麵粉 — 110g

泡打粉 — 4.5g

牛奶 — 30ml

● 開心果奶油霜（容易製作的份量）

　鮮奶油（乳脂肪含量42～43%以上）— 150g

　烘焙用白巧克力 — 30g

　開心果醬（市售品）— 15g

　櫻桃酒 — 1小匙

開心果 — 少許

前置作業

・將奶油放置至室溫。

・將雞蛋打散。

・將低筋麵粉和泡打粉混合過篩。

・將紙杯模放進馬芬模具裡。

・將烤箱預熱至180度。

作法

1　將奶油放入調理盆中攪拌，加入上白糖和鹽，用電動打蛋器打發至泛白。將蛋液分成兩次加入攪拌，再將開心果醬加入，攪拌均勻（a、b）。

2　加入已經過篩好的粉類（c），用刮刀攪拌，變得難以攪拌的時候加入牛奶繼續攪拌。

3　將麵糊平均填入烤模（d），放進180度烤箱烤20～23分鐘。烤好後從烤模當中取出，放在蛋糕冷卻架上冷卻。

4　製作開心果奶油霜。將鮮奶油放進鍋中加熱。

5　將白巧克力、開心果醬和櫻桃酒放入直立的長型容器裡，例如量杯（e），倒入溫熱的鮮奶油（f），用攪拌棒加以攪拌（g）。

6　倒入淺方盤，緊緊貼著表面蓋上保鮮膜，放上保冷劑迅速加以冷卻（h）。稍微冷卻後放進冰箱冷藏3小時以上。

7　將 6 裝進調理盆，讓調理盆底部浸泡冰水，然後用電動打蛋器打至發泡（i）。

8　將奶油填入裝有星型擠花嘴的擠花袋裡，大量擠在馬芬上（j）。最後放上開心果裝飾。

榛果夾心馬芬

這是加了榛果醬的馬芬，同時也是夾著榛果奶油的甜點。
奶油一定要加蘭姆酒讓味道變得清爽宜人。
最後添加的榛果，其酥脆的口感可以讓馬芬
變得更好吃！

材料（直徑5.5cm×高度3cm的馬芬烤模7個）

奶油 ⋯ 70g

上白糖 ⋯ 70g

鹽 ⋯ 1撮

蛋 ⋯ 40g

榛果醬（市售品）⋯ 15g

低筋麵粉 ⋯ 110g

泡打粉 ⋯ 4.5g

牛奶 ⋯ 30ml

● 榛果奶油霜（容易製作的份量）

　鮮奶油（乳脂肪含量42～43%）⋯ 200g

　烘焙用苦巧克力 ⋯ 45g

　榛果醬（市售品）⋯ 15g

　蘭姆酒 ⋯ 1小匙

榛果 ⋯ 30g

前置作業

・將奶油放置至室溫。

・將雞蛋打散。

・將低筋麵粉和泡打粉混合過篩。

・將榛果放進160度烤箱烤15分鐘左右，切碎。

・將紙杯模放進馬芬模具裡。

・將烤箱預熱至180度。

作法

1　將奶油放入調理盆中攪拌，加入上白糖和鹽，用電動打蛋器打發至泛白。將蛋液分成兩次加入攪拌，再將榛果醬加入，攪拌均勻（a）。

2　加入已經過篩好的粉類，用刮刀攪拌，變得難以攪拌的時候加入牛奶繼續攪拌。

3　將麵糊平均填入烤模（b），放不下的麵糊，可以裝進放有紙杯模的耐熱容器裡，例如焗烤碗（參照p.37的照片g）。放進180度烤箱烤20～23分鐘。烤好後從烤模當中取出，放在蛋糕冷卻架上冷卻。

4　製作榛果奶油霜。將鮮奶油放進鍋中加熱。

5　將苦巧克力、榛果醬和蘭姆酒放入直立的長型容器裡，例如量杯（c），倒入溫熱的鮮奶油（d），用攪拌棒加以攪拌（e）。

6　倒入淺方盤（f），緊緊貼著表面蓋上保鮮膜，放上保冷劑迅速加以冷卻（g）。稍微冷卻後放進冰箱冷藏3小時以上。

7　將 6 裝進調理盆，讓調理盆底部浸泡冰水，然後用電動打蛋器打至硬性發泡。

8　將馬芬的上半部切下來，將榛果奶油填入裝有圓型擠花嘴的擠花袋裡，擠在切口上（h）。將馬芬的上半部放上去，在上方也擠一點奶油（i），最後放上榛果裝飾。

全麥粉檸檬馬芬

在馬芬麵糊裡加入全麥粉和酸奶油，讓風味更豐富。
淋上糖霜，蛋糕體也會變得更紮實。若是在糖霜裡加入
充滿柳橙香氣的君度橙酒，就會變成更有廣度的味道。

a

材料（直徑7cm×高度3cm的馬芬烤模6個）

蛋（大）⋯1個
白砂糖⋯60g
檸檬皮磨泥⋯½顆
奶油⋯30g
酸奶油⋯20g
全麥粉⋯20g
低筋麵粉⋯50g
核桃（已切碎）⋯20g
●檸檬糖霜（容易製作的份量）
　糖粉⋯40g　君度橙酒⋯1小匙
　檸檬原汁⋯½大匙

前置作業

・將奶油和酸奶油放入調理盆隔水加熱融化，
　保持溫熱狀態。
・將全麥粉和低筋麵粉混合過篩。
・將紙杯模放進馬芬模具裡。
・將烤箱預熱至180度。

作法

1 將蛋、白砂糖、檸檬皮的泥放進調理盆，用電動
　打蛋器畫8字打發，直到表面隱約可見8字型為
　止。

2 將溫熱的奶油和酸奶油仔細攪拌後倒入 1，用刮
　刀攪拌均勻。

3 將已經過篩好的粉類迅速加進去，用刮刀混合，
　再加入核桃攪拌均勻。

4 將麵糊平均填入烤模，放進180度烤箱烤15～20
　分鐘。

5 製作檸檬糖霜。將糖粉、君度橙酒和檸檬原汁放
　入調理盆，仔細攪拌均勻。

6 馬芬烤好後從烤模當中取出放在蛋糕冷卻架上，
　拿毛刷沾檸檬糖霜塗抹上去（a），放置至完全
　冷卻。

水果蛋糕馬芬

內含大量充滿白蘭地風味的水果乾，有點奢侈的馬芬。
比起烘烤時間漫長的水果蛋糕，馬芬烤模只要短時間就能烤好又簡單，
所以才有了這樣的構想。做好之後擺放幾天還會變得更好吃。

a

材料（直徑7cm×高度3cm的馬芬烤模8個）
奶油 ⋯ 90g
白砂糖 ⋯ 70g
蛋（大）⋯ 1個
蛋黃 ⋯ 10g
低筋麵粉 ⋯ 90g
泡打粉 ⋯ ½小匙
●白蘭地漬果乾
　無花果乾 ⋯ 40g
　李子乾、杏桃乾 ⋯ 各30g
　白蘭地 ⋯ 2大匙
白蘭地 ⋯ 20ml

前置作業
・將奶油放置至室溫。
・將雞蛋和蛋黃混合打散。
・將低筋麵粉和泡打粉混合過篩。
・將紙杯模放進馬芬模具裡。
・將烤箱預熱至180度。

作法

1 製作白蘭地漬果乾。將無花果乾、李子乾、杏桃乾用熱水清洗，吸乾水氣，切成1cm小塊。在調理盆內放好，倒入白蘭地攪拌均勻（a），放置15分鐘以上。

2 將奶油放入調理盆中攪拌，加入白砂糖並用電動打蛋器打入空氣，將蛋液分成多次少量加入攪拌。

3 加入 1 攪拌均勻，再加入已經過篩好的粉類，用刮刀攪拌。

4 將麵糊平均填入烤模，放進180度烤箱烤25分鐘後，將溫度降至170度再烤8～10分鐘。

5 馬芬烤好後從烤模當中取出放在蛋糕冷卻架上，趁熱拿毛刷沾白蘭地塗抹上去，然後放置冷卻。

材料（直徑5.5cm×高度3cm的馬芬烤模8個）

蛋（大）－1個
白砂糖－50g
奶油－20g
低筋麵粉－40g
高筋麵粉－10g
泡打粉－3.5g
● 糖漿
　水－200ml
　白砂糖－100g
　香草豆莢－½根
　柳橙原汁－50ml
　香橙干邑甜酒－50ml
鮮奶油－200g

前置作業

・將奶油隔水加熱融化，保持溫熱狀態。
・將低筋麵粉、高筋麵粉和泡打粉混合。
・將糖漿用的香草豆莢種子刮出來。豆莢另外放好。
・用毛刷沾取少許已融化的奶油（未列於材料清單）塗抹在烤模上（a），在使用前一刻放進冰箱冷藏。
・將烤箱預熱至180度。

作法

1 將蛋打入調理盆打散，加入白砂糖，用電動打蛋器仔細打發直到出現細緻的氣泡。

2 加入已融化的奶油（b），用刮刀攪拌。將已經混合的粉類一邊過篩一邊加入（c），攪拌均勻。

3 將麵糊平均填入烤模，放進180度烤箱烤15分鐘。

4 製作糖漿。將材料份量的水、白砂糖、香草種子和豆莢放入鍋中，開火，等砂糖融化沸騰之後關火。加入柳橙原汁和香橙干邑甜酒，攪拌均勻（d）。倒入方盤中靜置冷卻。

5 馬芬烤好之後（e），從烤模當中取出放在蛋糕冷卻架上冷卻（f）。

6 將馬芬放進4的方盤裡，每個馬芬淋上大約2大匙的糖漿（g）。

7 排列在另一個淺方盤裡（h），蓋上保鮮膜。和剩下的糖漿一起放進冰箱冷藏。

8 食用前一刻將馬芬裝盤，淋上少許糖漿。將鮮奶油稍微打發，搭配食用。

薩瓦蘭風格的馬芬

傳授自法國友人，不用酵母也能完成的簡易版薩瓦蘭蛋糕。
這裡用的是香橙干邑甜酒，不過也可以使用君度橙酒或黑糖酒。
搭配大量不加糖直接打發的鮮奶油，開心享用吧！

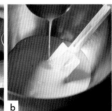

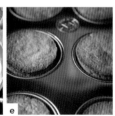
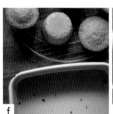

4.

ムラヨシマサユキ先生

混合日式素材的馬芬

ムラヨシ先生的馬芬烤模

使用的烤模尺寸為
直徑6cm×高度3cm。

馬芬是那種腦中一出現「現在烤來吃好了？」的念頭，就能毫無顧忌地放手去做的點心。所以我不想刻意去配合很多事情，例如準備大量材料，或是為了製作麵糊而強記食譜，又或者是花很多時間清洗使用過的道具。

這裡介紹的馬芬，也都是以簡單好做、烤好馬上就能吃為第一目標，如果冷了之後也好吃那就更完美了。關於馬芬麵糊，基本上都是只要攪拌均勻即可，不過還是有個重點，就是製作時一定要讓蛋液和液體油脂充分乳化。這麼一來就能烤得非常紮實，而不會乾巴巴、鬆垮垮的。

此外，日式素材的特徵是風格強烈卻纖細，所以必須注意不要讓與之搭配的素材口感與風味糟蹋了它們原本的特徵。當中所使用的油脂用了奶油或米糠油，甜味部分用了砂糖或是添加蜂蜜，味道都會因此出現相當大的改變。

馬芬的魅力，在於不需要切也不需要分，一人一個，可以趁熱用手拿了就吃。請一定要嚐嚐看剛出爐的滋味。至於必須吃隔夜的馬芬的時候，也請試著切成一半，將剖面烤得酥酥脆脆再享用吧。這麼一來又能嚐到不同的口感和美味了。

Masayuki Murayoshi

製菓學校畢業後，任職於法式糕餅店、咖啡廳、餐廳等地後獨立創業，主持麵包與甜點教學教室。以「因為在家做才好吃」為主旨，全心製作美味與簡易兼具的食譜，深具研究家精神。細膩的教學內容也深受好評。著有《ムラヨシマサユキのお菓子 くりかえし作りたい定番レシピ》（日本西東社出版）《CHESE BAKE》（日本主婦與生活社出版）《家庭のオーブンで作る スポンジ生地》（日本成美堂出版）等許多著作。

櫻花
加奶油乳酪馬芬

使用了鹽漬櫻花和櫻葉，惹人憐愛的日式馬芬。
櫻花與櫻葉的鹹味，更突顯了馬芬蛋糕體的美味。
建議沾取奶油乳酪調配沸煮味醂製作的
奶油乳酪醬一起享用。

材料（直徑6cm×高度3cm的馬芬烤模6個）

蛋（中）… 2個

白砂糖 … 60g

沸煮味醂 … 30g

奶油 … 100g

杏仁粉 … 30g

低筋麵粉 … 140g

泡打粉 … 1又½小匙

鹽漬櫻花 … 20朵

鹽漬櫻葉 … 6片

● 奶油乳酪醬

　奶油乳酪 … 100g

　白砂糖 … 20g　沸煮味醂 … 30g

前置作業

・將奶油隔水加熱融化。

・將奶油乳酪放置至室溫。

・將低筋麵粉和泡打粉混合過篩。

・清洗鹽漬櫻花，泡水約10分鐘左右去除多餘鹽分，將水分瀝乾。留下12朵裝飾用，其餘切碎。嚐一下鹽漬櫻葉的味道，若是太鹹便迅速用水沖洗一下。

・製作沸煮味醂。將1杯味醂倒入鍋中煮沸，去除異味，開始變濃稠之後轉小火熬煮至剩下⅓左右，放置冷卻（**a**）。

・將紙杯模放進馬芬模具裡，鋪上櫻花葉（**b**）。

・將烤箱預熱至170度。

作法

1 將蛋打入調理盆，用打蛋器打散，加入白砂糖和沸煮味醂攪拌均勻（**c**），倒入融化的奶油繼續攪拌（**d**）。

2 加入切碎的櫻花（**e**），再加入杏仁粉和已經過篩的粉類（**f**），用刮刀攪拌至粉粉的感覺完全消失為止（**g**）。

3 等量填入烤模，並將鹽漬櫻花平放在表面上（**h**）。放進170度烤箱裡烤30～33分鐘。從烤模當中取出，放在蛋糕冷卻架上冷卻。

4 製作奶油乳酪醬。將奶油乳酪放入調理盆，加入白砂糖和沸煮味醂並用刮刀攪拌（**i**）。裝入容器中，再依照個人喜好添加少許沸煮味醂（未列於材料清單），用馬芬沾取食用。

烘焙茶加紅豆白餡馬芬

烘焙茶的淡淡芬芳，紅豆的酸甜滋味，以及白餡的甘甜。
這份平衡堪稱絕妙！加入白餡之後快速攪拌兩下送進烤箱！
不光只是咖啡，與日本茶和抹茶也是絕配！

材料（直徑6cm×高度3cm的馬芬烤模6個）

蛋（中）⋯2個
白砂糖⋯60g
蜂蜜⋯20g
米糠油或沙拉油⋯100g
杏仁粉⋯30g
低筋麵粉⋯140g
泡打粉⋯1又½小匙
烘焙茶茶葉⋯3g
白餡（市售品）⋯100g
● 糖煮杏桃乾
　杏桃乾⋯60g
　水⋯100ml
　白砂糖⋯30g

前置作業

・將低筋麵粉和泡打粉混合過篩。
・用研缽將烘焙茶茶葉磨成粉狀（**a**），以稍粗的篩子
　過篩，去除茶枝等較硬的部分。
・將紙杯模放進馬芬模具。
・將烤箱預熱至170度。

作法

1 製作糖煮杏桃乾。將杏桃乾與所需份量的水和白
　砂糖一起放入鍋中，開火，沸騰後轉小火燉煮5
　～6分鐘，直到杏桃乾變軟且糖漿開始變得濃稠
　為止（**b**）。冷卻後切成7mm小塊。

2 將蛋打入調理盆，用打蛋器打散，加入白砂糖和
　蜂蜜攪拌（**c**），再加入米糠油攪拌均勻（**d**）。

3 將杏仁粉加入 2（**e**），並加入已經過篩的粉
　類，用刮刀攪拌至粉粉的感覺完全消失為止。

4 將白餡放入另一個調理盆，加入2大匙左右 3 的
　麵糊，仔細攪拌（**f**）。

5 將糖煮杏桃和烘焙茶茶葉加入 3 的調理盆，攪拌
　均勻（**g**）。

6 將 5 的麵糊平均填入烤模，再將 4 的白餡鋪上
　去，用湯匙稍作攪拌（**h**）。放進170度烤箱烤30
　～33分鐘。從烤模當中取出，放在蛋糕冷卻架上
　冷卻。

焦糖奶油
加黃豆粉馬芬

考慮到黃豆粉的香氣平衡，特地使用了具有濃醇口感的棕糖，
再用烤過的核桃來增添風味。
最後修飾用的焦糖醬和山椒粉，更創造出具有深度的口味。

材料（直徑6cm×高度3cm的馬芬烤模6個）

蛋（中）－2個
白砂糖－50g
棕糖－20g
奶油－100g
杏仁粉－30g
低筋麵粉－130g
黃豆粉－15g
泡打粉－1又½小匙
核桃－50g
● 焦糖奶油
　鮮奶油－100g
　白砂糖－50g
山椒粉－少許

前置作業

・將奶油隔水加熱融化。
・將低筋麵粉、黃豆粉和泡打粉混合過篩（a）。
・將核桃放進150度烤箱烤10分鐘左右，或用平底鍋乾
　燒，切成1cm小塊。
・將紙杯模放進馬芬模具。
・將烤箱預熱至170度。

作法

1 製作焦糖奶油。將鮮奶油放入耐熱容器，蓋上保
　鮮膜放進微波爐（600W）加熱約1分鐘。將少量
　的白砂糖放入小鍋中開火，開始融化時加入剩下
　的白砂糖全數融化，煮到變成褐色燒焦的時候關
　火。一口氣將所有溫熱的鮮奶油倒進去，用刮刀
　攪拌（b、c）。倒入淺方盤之類的容器冷卻。

2 將蛋打入調理盆，用打蛋器打散，加入白砂糖和
　棕糖攪拌（d），再加入融化的奶油攪拌均勻。

3 將杏仁粉和已經過篩的粉類加入 2，用刮刀攪拌
　（e），等粉粉的感覺完全消失之後加入核桃，
　稍作攪拌（f）。

4 將 3 的麵糊平均填入烤模（g），放進170度烤
　箱烤30～33分鐘（h）。

5 從烤模當中取出，放在蛋糕冷卻架上冷卻。塗上
　焦糖奶油（i），灑上山椒粉。

梅酒糖衣梅子馬芬

使用市售的梅酒和浸泡在梅酒裡面的梅子，輕鬆完成一道馬芬。
糖衣裡面也添加梅酒，讓整體的味道更有份量。
油脂使用米糠油，就能讓梅酒的風味變得更鮮活，口感也更輕盈。

材料（直徑6cm×高度3cm的馬芬烤模6個）
蛋（中）⋯2個
白砂糖⋯60g
蜂蜜⋯20g
米糠油⋯100g
杏仁粉⋯30g
低筋麵粉⋯140g
泡打粉⋯1又½小匙
梅酒⋯2大匙
梅酒的梅子⋯200g
● 梅酒糖衣
　糖粉⋯80g
　梅酒⋯2大匙

前置作業

· 將低筋麵粉和泡打粉混合過篩。
· 輕輕搓揉梅酒的梅子使之柔軟，去除果核。準備6個
　裝飾用，再準備1個切成1cm小塊。
· 將紙杯模放進馬芬模具。
· 將烤箱預熱至170度。

作法

1 將蛋打入調理盆，用打蛋器打散，加入白砂糖和
　蜂蜜攪拌均勻，加入米糠油繼續攪拌。
2 加入切碎的梅子（a），加入杏仁粉和已經過篩
　的粉類，用刮刀攪拌至粉粉的感覺完全消失為止
　（b），再加入梅酒攪拌均勻（c）。
3 等量填入烤模，並將處理好的梅子各壓1個在麵
　糊上（d）。放進170度烤箱裡烤30～33分鐘。
　從烤模當中取出，放在蛋糕冷卻架上冷卻。
4 製作梅酒糖衣。將糖粉和梅酒放入調理盆或鍋子
　裡攪拌均勻，開小火稍微加溫20～30秒（e）。
5 用毛刷大量塗抹在馬芬上（f），放置晾乾到不再
　沾手為止。

抹茶加栗子馬芬

能夠直接吃到抹茶口味蛋糕體的馬芬。
放進栗子製造不同口感，變得稍微有點豪華。
抹茶建議使用剛開封的新抹茶粉。
選擇綠色較深的，最後就能烤出鮮豔的綠色。

a b

材料（直徑6cm×高度3cm的馬芬烤模6個）
蛋（中）… 2個
白砂糖 … 60g
蜂蜜 … 20g
奶油 … 100g
杏仁粉 … 30g
低筋麵粉 … 130g
抹茶 … 15g
泡打粉 … 1又½小匙
甜煮甘栗 … 200g

前置作業
・將奶油隔水加熱融化。
・將低筋麵粉、抹茶粉和泡打粉混合過篩（a）。
・取6個甜煮甘栗最後裝飾用，其餘的切成1cm小塊。
・將紙杯模放進馬芬模具。
・將烤箱預熱至170度。

作法
1 將蛋打入調理盆，用打蛋器打散，加入白砂糖和蜂蜜攪拌均勻，倒入融化的奶油繼續攪拌。
2 加入杏仁粉和切碎的甜煮甘栗（b），再加入已經過篩的粉類，用刮刀攪拌至粉粉的感覺完全消失為止。
3 等量填入烤模，並將事先備好的甜煮甘栗各壓1個在麵糊上。放進170度烤箱裡烤30～33分鐘。從烤模當中取出，放在蛋糕冷卻架上冷卻。

白味噌起司加芒果馬芬

用白味噌、蜂蜜和奶油乳酪混合製成的麵糊，
擁有層次分明的味道和百吃不膩的美味。
而且最大的魅力就是即使放到隔天也不會走味。
將冷凍的芒果直接加入麵糊，進行烘烤。

a

材料（直徑6cm×高度3cm的馬芬烤模6個）

蛋（中）…2個
白砂糖…50g
白味噌…30g
蜂蜜…20g
奶油乳酪…50g
奶油…70g
杏仁粉…30g
低筋麵粉…140g
泡打粉…1又½小匙
冷凍芒果（已切塊）…18小塊

前置作業

・將奶油隔水加熱融化。
・將奶油乳酪放置至室溫。
・將低筋麵粉和泡打粉混合過篩。
・將紙杯模放進馬芬模具。
・將烤箱預熱至170度。

作法

1 將奶油乳酪放入耐熱容器，用微波爐（600W）
加熱約40秒，加入白味噌和蜂蜜（a），用刮刀
攪拌直到變得滑順為止。

2 將蛋打入調理盆，用打蛋器打散，然後將蛋液、
白砂糖和融化的奶油依序加入1，每加入一種都
要攪拌均勻。

3 加入杏仁粉和已經過篩的粉類，用刮刀攪拌至粉
粉的感覺完全消失為止。

4 等量填入烤模，將冷凍芒果在冷凍的狀態下各壓
3小塊在麵糊上。放進170度烤箱裡烤35～38分
鐘。從烤模當中取出，放在蛋糕冷卻架上冷卻。

艾草加鳳梨的奶酥馬芬

重點是用熱水將乾燥艾草絨泡開,混進麵糊中。
奶酥鬆鬆脆脆的口感,更能突顯蛋糕體的美味。
也可以拿藍莓取代鳳梨。

材料（直徑6cm×高度3cm的馬芬烤模6個）

蛋（中）－2個

白砂糖－60g

楓糖－30g

奶油－100g

杏仁粉－30g

低筋麵粉－140g

泡打粉－1又½小匙

乾燥艾草絨（市售品）－7g

鳳梨（罐頭）－120g

●奶酥

低筋麵粉－25g

杏仁粉－25g

白砂糖－15g

鹽－1撮

奶油－20g

前置作業

・將麵糊用奶油隔水加熱融化。

・將低筋麵粉和泡打粉混合過篩。

・鳳梨瀝乾水分，切成2～3cm大小。

・將艾草放入耐熱容器，倒入30ml的熱水稍作攪拌（a）泡開。

・將紙杯模放進馬芬模具。

・將烤箱預熱至170度。

作法

1 製作奶酥。將低筋麵粉、杏仁粉、白砂糖和鹽放入調理盆混合，加入奶油，用手指一邊壓散一邊和粉類和勻以避免融化（b），揉成香鬆狀（c）。

2 將蛋打入調理盆，用打蛋器打散，加入白砂糖和楓糖攪拌均勻（d），倒入融化的奶油繼續攪拌。

3 將杏仁粉和泡開的艾草加入 2 攪拌均勻（e），加入已經過篩的粉類（f），用刮刀攪拌至粉粉的感覺完全消失為止（g）。

4 等量填入烤模，並將鳳梨各壓3塊在麵糊上，灑上奶酥（h）。放進170度烤箱裡烤30～33分鐘。從烤模當中取出，放在蛋糕冷卻架上冷卻。

a

b

c

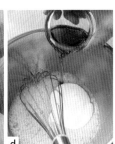
d

e

f

g

h

黑芝麻金飩馬芬

地瓜和黑芝麻非常搭配。這裡的做法是將芝麻醬和芝麻粉混合，
甜味部分則是使用和芝麻很合的上白糖，做出紮實濃厚的味道。
最後再放上柚子茶加以烘烤，讓味道變得更有廣度。

材料（直徑6cm×高度3cm的馬芬烤模6個）
蛋（中）⋯2個
上白糖⋯70g
米糠油⋯80g
黑芝麻醬⋯30g
黑芝麻粉⋯30g
低筋麵粉⋯140g
泡打粉⋯1又½小匙
● 金飩（容易製作的份量）
　地瓜⋯1個（100g）
　梔子果實（非必要）⋯1個
　上白糖⋯30g
韓國柚子茶或柚子果醬⋯120g

前置作業
・將低筋麵粉和泡打粉混合過篩。
・將紙杯模放進馬芬模具。
・將烤箱預熱至170度。

作法
1 製作金飩。將地瓜頭尾各切去2cm，切成2cm厚薄片。厚切去皮，浸泡在大量清水中30分鐘左右去除異味。

2 用清水沖洗後放入鍋中。將梔子果實放入茶包袋，連同100ml的水一起加入，開火（a）。沸騰後轉小火，蓋上蓋子蒸煮6～8分鐘直到地瓜徹底煮軟為止。

3 加入上白糖，用叉子大致搗爛（b），取出裝在淺方盤中放置冷卻（c）。

4 將蛋打入調理盆，用打蛋器打散，加入上白糖攪拌均勻，再依序加入米糠油和黑芝麻醬，每加入一種都要攪拌均勻（d）。

5 將黑芝麻粉和和已經過篩的粉類加入 4（e），用刮刀攪拌至粉粉的感覺完全消失為止。

6 將 5 的麵糊等量填入烤模，並各自放上20g的金飩（f），用湯匙稍作攪拌。

7 各加20g的柚子茶在麵糊上（g），放進170度烤箱烤30～33分鐘。從烤模當中取出，放在蛋糕冷卻架上冷卻。

左右美味程度的「必備材料」

製作馬芬的樂趣，就在於基本麵糊要跟什麼樣的素材做搭配。
另外，也正因為馬芬是可以天天隨手做的小點心，才更想堅持它的美味。
在此介紹幾個在製作馬芬時非常有用的必備材料。

香料（右上）
水果乾（左下）
蜂蜜（左上）

咖啡豆

櫻桃酒（左）
黑糖酒（右）

長田佳子小姐（foodremedies）

香料和水果乾都會盡可能地選用有機農產品，不過最近特別喜歡東京・西荻窪的店舖「ヌ・ハーベスト」所販賣的東西。而且小分量包裝使用起來也非常順手。至於蜂蜜，我用的是長野「養蜂女子部」的商品。當初是因為想用蜜蠟做蠟燭而偶然造訪了養蜂的朋友，從那之後便開始使用非加熱的蜂蜜。

立道嶺央先生（POMPON CAKES BLVD.）

用在咖啡馬芬裡的咖啡，是產於靜岡「イフに・コーヒー・ストア」的自家烘焙咖啡豆。烘焙方式深而濃，所以就算加入馬芬麵糊烘烤完成，咖啡豆的特性依然得以殘留，總之非常美味。另外還有咖啡糖漿、從咖啡花採收的蜂蜜，以及甜點用的咖啡粉等，有時也會在店內使用。

田中博子小姐（créa-pâ）

Kirschwasser（櫻桃蒸餾酒），我偏愛法國亞爾薩斯地區的產品。亞爾薩斯的水果產量豐富，所以不論哪一間製造商，都有各式各樣美味的Eau×-de vie（蒸餾酒）。黑糖酒則是四國「菊水酒造」所釀造，原料是甘蔗。圓潤的口感近似蘭姆酒也像黑糖燒酒，為其最大的特徵。能夠帶出甜點的風味和層次感。

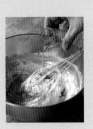

抹茶

楓糖漿（左）
米飴（右）

椰子油（左）
玉米粉（右上）
泡打粉（右下）

ムラヨシマサユキ先生

加在甜點裡的抹茶，為了活用其色澤、風味和存在感，我一直都選用點茶*之後依舊美味的抹茶粉。為了讓成品呈現鮮艷的綠色，最重要的就是選擇顏色深綠的抹茶。這次使用的是「一保堂茶舖」的「福昔」。擁有恰到好處的苦澀和極為順口的滋味，是一款百喝不膩的抹茶。可以加入馬芬麵糊，另外也建議搭配馬芬一起享用。

*抹茶的泡茶方式。

今井洋子小姐（roof）

馬芬的甜味，我通常都用風味良好的加拿大產楓糖漿，還有甜味溫潤順口的國產米飴。楓糖漿是用糖楓樹等樹木的樹液濃縮而成的100%純天然甘味劑。米飴則是以米為原料製成的一種水飴，擁有溫潤順口的甜味，非常滑嫩。兩種都擁有來自植物的清爽滋味，不會黏膩地死甜，也非常能突顯馬芬蛋糕體的美味。

原 亜樹子小姐

我每天都會做馬芬當成早餐或點心，所以會特地選擇能讓孩子們安心食用的材料。除了「ブラウンシュガーファースト」的有機特級初榨椰子油，以及以有機全麥玉米粉為原料的「アリサン」的有機玉米粉之外，製作馬芬不可或缺的泡打粉，我選用的是「ラムフォード」這家生產商製造的無鋁泡打粉。

5.

今井洋子小姐（roof）

對身體有益的馬芬

今井小姐的馬芬烤模

使用的烤模尺寸為
直徑7.5cm×高度3.5cm。

　我製作的點心，都是以延壽養生的概念為基礎的。以前朋友生病時，我以此為契機開始學習相關知識，漸漸產生出即使是甜點，也希望能盡量減少對身體所造成的負擔，讓所有人都能放心食用的想法。具體來說就是不使用雞蛋、白砂糖，以及奶油或鮮奶油等乳製品，而是運用當季食材，或者是加工過程嚴謹的安心材料來製作甜點。光是這麼說，可能會讓人覺得這樣的甜點會不會有點空虛？會不會很難做？當然不會這樣。我會使用甜菜糖或楓糖來代替白砂糖，用豆漿代替牛奶，運用米糠油、水果、堅果或香料來讓味道出現層次感。

　這裡介紹的馬芬也沒有使用雞蛋、白砂糖和乳製品。粉類有低筋麵粉、全麥粉和泡打粉，而麵糊的基礎材料有去除水分的木棉豆腐、豆漿、米糠油和楓糖漿。還會在頂端加上切成小塊的水果或奶酥，做成外觀稍微有點花俏的馬芬。

　口感稍有彈性而味道濃厚，吃起來很有飽足感。不過就算吃完之後，隔天身體也不會增加體重。這就是「對身體有益的馬芬」的魅力所在。也很建議當成早餐或點心食用。

Yoko Imai

製菓學校畢業後進入SAZABY LEAGUE株式會社，負責Afternoon tea TEAROOM的商品企劃與開發，隨後獨立開業。現在除了接受商品開發、菜單開發以及麵包、蛋糕的製作訂單外，也開辦了以延壽養生為主旨的料理教室「roof」，並於東京・世田谷的「STOCK THE PANTRY」等地舉行甜點教學課程。著有《大口吃也不怕胖：讓你年輕10歲的營養美味磅蛋糕》（繪虹企業出版）等書。

http://www.roof-kitchen.jp/　Instagram stockthepantry

蘭姆葡萄加香蕉馬芬

用了低筋麵粉、全麥粉和水切豆腐的蛋糕體，
越嚼越有味道，魅力十足。
然後再加進充分浸泡過蘭姆酒的葡萄乾和香蕉，
使味道變得更加濃郁而有深度。

材料（直徑7.5cm×高度3.5cm的馬芬烤模6個）

低筋麵粉…150g

全麥粉…75g

杏仁粉…45g

甜菜糖…40g

泡打粉…2小匙

鹽…1撮

木棉豆腐（去除水分）…120g

米糠油…5大匙

楓糖漿…3大匙

豆漿…50ml

香蕉…2又½根（去皮後250g）

●蘭姆酒葡萄乾

　葡萄乾（紫色、綠色）…合計100g

　蘭姆酒…適量

杏仁薄片…適量

前置作業

・將豆腐放在篩網上，壓上重物，放置約10分鐘去除水分（**a**）。½塊豆腐（150g）去除水分之後大約會變成120g。

・將葡萄乾放進充分的蘭姆酒當中浸泡1晚，瀝乾蘭姆酒（**b**）。另外將適量的蘭姆酒與楓糖（未列於材料清單）以1：2的比例混合製成糖漿備用。

・將紙杯模放進馬芬模具。

・將烤箱預熱至170度。

作法

1 將低筋麵粉與全麥粉混合過篩，放入調理盆，再加入杏仁粉、甜菜糖、泡打粉和鹽，混合均勻。

2 將豆腐、米糠油、楓糖漿和豆漿放入直立的長型容器裡，例如量杯，再將100g的香蕉切成一口大小一起放進去（**c**），用攪拌棒攪拌到完全融合。

3 將剩下的香蕉一半切成薄片，另一半切成6等份。

4 將 2 加入 1，用刮刀稍加攪拌（**d**），趁粉粉的感覺還存在的時候加入蘭姆酒葡萄乾和香蕉切片，攪拌均勻（**e**）。

5 等量填入烤模（**f**），將6等份的香蕉壓入中央頂端（**g**）。放上杏仁薄片，適量淋上事前備好的糖漿（**h**）。

6 放進170度烤箱烤25～30分鐘，烤到用竹籤刺進去之後沾不上任何東西為止。

7 稍微冷卻之後從烤模當中取出，放在蛋糕冷卻架上，再將剩下的糖漿適量地淋上去（**i**）。

甜菜加長角豆馬芬

加入烤過的甜菜,呈現玫瑰色調的可愛馬芬。
用長角豆代替巧克力,最後創造出爽口的甘甜。
豆腐奶油則是使用楓糖漿和香草豆來增添甜味與香氣。

材料（直徑7.5cm×高度3.5cm的馬芬烤模6個）

低筋麵粉…150g

全麥粉…75g

杏仁粉…45g

甜菜糖…60g

泡打粉…2小匙

鹽…1撮

木棉豆腐（瀝乾水分）…120g

米糠油…5大匙

楓糖漿…3大匙

豆漿…100ml

檸檬皮磨泥…1小顆

檸檬原汁…2小匙

甜菜…220g

角豆粒*…60g

●豆腐奶油（容易製作的份量）

　木棉豆腐（水煮過並去除水分）…120g

　楓糖漿…2大匙

　香草豆（只用種子）…1cm長

　豆漿…2～3大匙

＊以長角豆的豆莢部分為原料，不含咖啡因。
特徵是味道吃起來像巧克力。
可以在天然食品材料行購買。

前置作業

・將麵糊用豆腐放在篩網上，壓上重物，放置約10分鐘
　去除水分。½塊豆腐（150g）去除水分之後大約會變
　成120g。

・將豆腐奶油用的豆腐以熱水汆燙，比照麵糊用豆腐的
　做法去除水分。

・用浸濕的紙巾和鋁箔紙將甜菜包起來，放進170度烤
　箱烤1小時左右，直到竹籤可以刺穿為止（a）。冷卻
　之後去皮，切成2cm小塊。

・將紙杯模放進馬芬模具。

・將烤箱預熱至170度。

作法

1 將低筋麵粉與全麥粉混合過篩，放入調理盆，再
　加入杏仁粉、甜菜糖、泡打粉和鹽，混合均勻。

2 將豆腐、米糠油、楓糖漿、豆漿、檸檬皮的泥
　和檸檬原汁放入直立的長型容器裡，例如量杯
　（b），再將120g的甜菜一起放進去（c），用攪
　拌棒攪拌到完全融合。

3 將2加入1，用刮刀稍加攪拌（d），趁粉粉的
　感覺還存在的時候加入100g的甜菜和角豆粒，攪
　拌均勻（e）。

4 等量填入烤模，放進170度烤箱烤30～40分鐘，
　烤到用竹籤刺進去之後沾不上任何東西為止。稍
　微冷卻之後從烤模當中取出，放在蛋糕冷卻架上
　冷卻。

5 製作豆腐奶油。將豆腐、楓糖漿、香草豆種子
　和豆漿放入直立的長型容器裡，例如量杯（f、
　g），用攪拌棒攪拌直到變成黏稠狀（h）。搭配
　馬芬食用。

麝香葡萄加紅茶馬芬

活用麝香葡萄的顏色與香氣，充滿水果風味的馬芬。

奶酥的酥脆口感最讓人印象深刻。

紅茶適合添加大吉嶺，不過也可以依照個人喜好加入伯爵茶。

材料（直徑7.5cm×高度3.5cm的馬芬烤模6個）

低筋麵粉⋯150g

全麥粉⋯75g

杏仁粉⋯45g

甜菜糖⋯60g

紅茶茶葉（大吉嶺）⋯7g

泡打粉⋯2小匙

鹽⋯1撮

木棉豆腐（瀝乾水分）⋯120g

米糠油⋯5大匙

楓糖漿⋯3大匙

豆漿⋯130ml

麝香葡萄⋯18顆

●奶酥

　低筋麵粉⋯30g

　杏仁粉⋯15g

　甜菜糖⋯15g

　米糠油⋯約1又½大匙

前置作業

・將豆腐放在篩網上，壓上重物，放置約10分鐘去除水分。½塊豆腐（150g）去除水分之後大約會變成120g。

・將紅茶茶葉用磨或研缽磨成粉末狀。

・將麝香葡萄對切，去除種子。

・將紙杯模放進馬芬模具。

・將烤箱預熱至170度。

作法

1. 將低筋麵粉與全麥粉混合過篩，放入調理盆，再加入杏仁粉、甜菜糖、紅茶茶葉、泡打粉和鹽（a），混合均勻。

2. 將豆腐、米糠油、楓糖漿、豆漿放入直立的長型容器裡，例如量杯（b），用攪拌棒攪拌到完全融合（c）。

3. 製作奶酥。將低筋麵粉、杏仁粉和甜菜糖放入調理盆混合均勻。分次少量加入米糠油（d），用指尖搓揉混合成香鬆狀為止（e）。

4. 將2加入1（f），用刮刀稍加攪拌（g）。

5. 將一半的麵糊等量填入烤模，放入合計1顆份量的麝香葡萄，再將剩下的麵糊蓋上去（h）。將剩下的麝香葡萄壓入麵糊中，灑上3的奶酥（i）。

6. 放進170度烤箱烤25～30分鐘，烤到用竹籤刺進去之後沾不上任何東西為止（j）。稍微冷卻之後從烤模當中取出，放在蛋糕冷卻架上冷卻。

可可亞加酪梨馬芬

將天生一對的可可亞和酪梨互相搭配，
用可可膏做出具有深度的滋味。
加熱之後的酪梨有著黏稠的口感。再把吸飽了楓糖漿的
椰絲灑在上面一起送進烤箱，美味程度立即倍增。

材料（直徑7.5cm×高度3.5cm的馬芬烤模6個）

低筋麵粉 -- 150g
全麥粉 -- 75g
杏仁粉 -- 45g
可可粉 -- 30g
椰絲 -- 30g
甜菜糖 -- 80g
泡打粉 -- 2小匙
鹽 -- 1撮
木棉豆腐（瀝乾水分）-- 120g
米糠油 -- 5大匙
楓糖漿 -- 5大匙
豆漿 -- 130ml
可可膏＊ -- 20g
酪梨 -- 1個
● 最後修飾用
　椰絲 -- 30g
　楓糖漿 -- 2大匙

＊可可粉與巧克力的原料。
想增加可可風味而不增加甜味的時候使用。
可在製菓材料行買到顆粒狀的。

前置作業

・將豆腐放在篩網上，壓上重物，放置約10分鐘去除
　水分。½塊豆腐（150g）去除水分之後大約會變成
　120g。
・將可可膏隔水加熱融化。
・將紙杯模放進馬芬模具。
・將烤箱預熱至170度。

作法

1 將低筋麵粉與全麥粉混合過篩，放入調理盆，再
　加入杏仁粉、可可粉、椰絲、甜菜糖、泡打粉和
　鹽，混合均勻。

2 將豆腐、米糠油、楓糖漿、豆漿放入直立的長型
　容器裡，例如量杯，再將融化的可可膏一起放進
　去（a），用攪拌棒攪拌到完全融合。

3 將最後修飾用的椰絲和楓糖漿放入調理盆攪拌均
　勻。

4 將酪梨直向對切，去除種子和果皮，橫向切成
　1cm厚的半月型。

5 將 2 加入 1（b），用刮刀稍加攪拌，趁粉粉的
　感覺還存在的時候留下大約18片酪梨，其餘加入
　麵糊當中攪拌均勻（c）。

6 等量填入烤模（d），將先前留下的酪梨各放進3
　片，再將 3 蓋上去（e）。

7 放進170度烤箱烤25～30分鐘，烤到用竹籤刺進
　去之後沾不上任何東西為止。稍微冷卻之後從烤
　模當中取出，放在蛋糕冷卻架上冷卻。

a　b　c　d　e

花生醬加藍莓馬芬

花生醬的香甜與濃醇，藍莓的甘甜與淡淡酸味，
兩者平衡感絕佳，雖然不起眼，但不論何時享用都絕對不會膩。
奶酥裡面也添加花生醬，讓美味更上一層。

材料（直徑7.5cm×高度3.5cm的馬芬烤模6個）

低筋麵粉 ⋯ 150g

全麥粉 ⋯ 75g

杏仁粉 ⋯ 45g

甜菜糖 ⋯ 60g

泡打粉 ⋯ 2小匙

鹽 ⋯ 1撮

木棉豆腐（瀝乾水分）⋯ 120g

米糠油 ⋯ 4大匙

楓糖漿 ⋯ 3大匙

花生醬（無糖）⋯ 5大匙

豆漿 ⋯ 150ml

藍莓 ⋯ 80g

● 花生奶酥

　低筋麵粉 ⋯ 40g

　杏仁粉 ⋯ 20g

　甜菜糖 ⋯ 20g　花生 ⋯ 20g

　花生醬（無糖）⋯ 1小匙

　米糠油 ⋯ 約2大匙

前置作業

・比照p.71去除豆腐的水分。

・將奶酥用花生大致切碎。

・將紙杯模放進馬芬模具。

・將烤箱預熱至170度。

作法

1　將低筋麵粉與全麥粉混合過篩，放入調理盆，再加入杏仁粉、甜菜糖、泡打粉和鹽，混合均勻。

2　將豆腐、米糠油、楓糖漿、花生醬和豆漿放入直立的長型容器裡，例如量杯，用攪拌棒攪拌到完全融合。

3　製作花生奶酥。將低筋麵粉、杏仁粉、甜菜糖和花生醬放入調理盆混合。加入花生醬，用指尖與整體揉合均勻，分次少量加入米糠油，繼續用指尖搓揉混合成香鬆狀為止。

4　將 2 加入 1，用刮刀稍加攪拌，加入藍莓攪拌均勻。

5　等量填入烤模，放上 3 的奶酥，放進170度烤箱烤25～30分鐘，烤到用竹籤刺進去之後沾不上任何東西為止。稍微冷卻之後從烤模當中取出，放在蛋糕冷卻架上冷卻。

中國茶加堅果馬芬

在麵糊裡加入中國茶、松子和枸杞，做出一點點亞洲口味。
把裹著米飴的堅果放在最上面一起送進烤箱，
就能烤出光澤並增添色彩和香氣，完成一道無以倫比的美味。

材料（直徑7.5cm×高度3.5cm的馬芬烤模6個）

低筋麵粉 ⋯ 150g

全麥粉 ⋯ 75g

杏仁粉 ⋯ 45g

甜菜糖 ⋯ 60g

泡打粉 ⋯ 2小匙

鹽 ⋯ 1撮

中國茶茶葉（例如烏龍茶）⋯ 2大匙

木棉豆腐（瀝乾水分）⋯ 120g

米糠油 ⋯ 5大匙

楓糖漿 ⋯ 3大匙

豆漿 ⋯ 120ml

枸杞 ⋯ 30g

松子 ⋯ 50g

● 最後修飾用

　松子 ⋯ 20g　南瓜籽 ⋯ 30g
　米飴* ⋯ 1大匙
　枸杞 ⋯ 少許

＊以米為原料製成的水飴。沒有特殊味道，甜味溫和順口。

前置作業

・比照p.71去除豆腐的水分。

・將中國茶茶葉用磨或研缽磨成粉（**a**）。

・將紙杯模放進馬芬模具。

・將烤箱預熱至170度。

作法

1 將低筋麵粉與全麥粉混合過篩，放入調理盆，再加入杏仁粉、甜菜糖、泡打粉、鹽和中國茶，混合均勻。

2 將豆腐、米糠油、楓糖漿和豆漿放入直立的長型容器裡，例如量杯，用攪拌棒攪拌到完全融合。

3 將最後修飾用的松子、南瓜籽和米飴放入調理盆，攪拌均勻（**b**）。

4 將 2 加入 1，用刮刀稍加攪拌，再加入麵糊用的枸杞和松子攪拌均勻。

5 等量填入烤模，放上 3，放進170度烤箱烤25～30分鐘，烤到用竹籤刺進去之後沾不上任何東西為止。趁剛出爐時，將最後修飾用的枸杞放上去。稍微冷卻之後從烤模當中取出，放在蛋糕冷卻架上冷卻。

楓糖蜂蜜麥麩馬芬

這是從美國的基本款甜點「黏黏包（sticky buns）」獲得靈感而完成的馬芬。
在烤模裡放入楓糖蜂蜜漬堅果，然後蓋上馬芬麵糊送進烤箱，
烤好之後翻過來便大功告成。吃起來非常有飽足感。

材料（直徑7.5cm×高度3.5cm的馬芬烤模6個）

● 楓糖蜂蜜漬堅果

　核桃 -- 30g

　美國山核桃 -- 30g

　蜂蜜 -- 1大匙

　楓糖漿 -- 1大匙

　黑糖 -- 1小匙

　豆漿 -- 1小匙

　椰子油 -- 2小匙

低筋麵粉 -- 30g

全麥粉 -- 30g

杏仁粉 -- 30g

麥麩 -- 30g

甜菜糖 -- 30g

黑糖 -- 15g

泡打粉 -- 1小匙

木棉豆腐（瀝乾水分）-- 80g

米糠油 -- 2大匙

楓糖漿 -- 3大匙

豆漿 -- 40ml

葡萄乾 -- 15g

前置作業

・將豆腐放在篩網上，壓上重物，放置約10分鐘去除
　水分。⅓塊豆腐（100g）去除水分之後大約會變成
　80g。

・將紙杯模放進馬芬模具。

・將烤箱預熱至160～165度。

作法

1 製作楓糖蜂蜜漬堅果。將核桃、美國山核桃敲
　碎。將蜂蜜、楓糖漿、黑糖、豆漿和椰子油放入
　鍋中，開火煮沸（a），轉小火滾30秒左右，加
　入核桃和美國山核桃攪拌均勻（b）。等量放入
　烤模中（c）。

2 將低筋麵粉與全麥粉混合過篩，放入調理盆，
　再加入杏仁粉、麥麩、甜菜糖、黑糖和泡打粉
　（d），混合均勻。

3 將豆腐、米糠油、楓糖漿和豆漿放入直立的長型
　容器裡，例如量杯（e），用攪拌棒攪拌到完全
　融合。

4 將3加入2，用刮刀稍加攪拌，趁粉粉的感覺還
　存在的時候加入葡萄乾，攪拌均勻（f）。

5 等量填入1的烤模（g），放進160～165度烤箱
　烤20～25分鐘，烤到用竹籤刺進去之後沾不上任
　何東西為止（h）。

6 稍微冷卻之後從烤模當中取出，顛倒過來放在蛋
　糕冷卻架上冷卻（i）。等冷卻後從紙杯模當中取
　出。

6.

原 亜樹子小姐

運用蔬菜的馬芬

原小姐的馬芬烤模

使用的烤模尺寸為
直徑7cm×高度3.5cm。

在美國，馬芬是極為平常的日常飲食。紐約街頭隨處可見的大尺寸馬芬只是冰山一角，若是在美國旅行，就能在各處見到各種不同的馬芬。不只是當成點心，也被視為正餐或輕食端上餐桌，在早晨或空腹的時候搭配咖啡一起吃下肚。所以馬芬不一定全部都是甜的。這裡介紹的也是使用了大量蔬菜，甜味較低的馬芬。舉例來說，「晨暉馬芬」就是在麵糊裡添加了紅蘿蔔和蘋果的馬芬，目的是為了能在早上攝取足夠的營養。而「薄荷小黃瓜馬芬」則是某位在美國歷史博物館工作的人，教了我這道流傳於西北部的特殊食譜。

不用紙杯模，而是在烤模上塗抹一層油，直接將麵糊填進去。若是使用冰淇淋挖勺將麵糊一團一團地放進去，就算不秤重也能放得非常平均，十分方便。

稍微放冷之後就很好吃，所以也很推薦當成便當享用。趁有空檔的時候烤好馬芬冷凍保存，早上只要加熱便大功告成。只需另外搭配水果之類的東西，就是個飽足感十足的便當了。

冷凍保存的馬芬，必須在食用的時候放進180度烤箱烤5～8分鐘，利用餘熱加溫內部。

Akiko Hara

甜點文化研究家。於美國伊利諾州的MacArthur高級中學留學。畢業後，進入東京外國語大學學習飲食文化人類學。畢業後，以國家公務員身分進入特許廳，於第6年離職，轉職成為甜點文化研究家。於Le Cordon Bleu東京分校取得甜點Diplôme。同時擁有製菓衛生士、Tea instructor（日本紅茶協會認定）等證照。近期著有《Berry BOOK》、《アメリカ郷土菓子》（皆由日本出版社パルコ出版）《朝食ビスケットとコーンブレッド》（日本グラフィック社出版）等書，亦有經手翻譯。

綠花耶菜加巧達起司馬芬

用美乃滋代替雞蛋和油作成的馬芬。
口味溫和，活用了蔬菜特有的風味。由於光憑綠花椰菜和巧達起司
似乎少了些什麼，所以添加洋蔥粉和黑胡椒來加深印象。

材料（直徑7cm×高度3.5cm的馬芬烤模6個）

低筋麵粉 … 120g
泡打粉 … 1又¼小匙
牛奶 … 100ml
美乃滋 … 50g
白砂糖 … 1又½小匙
洋蔥粉 … ½小匙
鹽 … ¼小匙
黑胡椒 … ¼小匙
綠花椰菜 … 1個
巧達起司 … 60g

前置作業

· 將低筋麵粉和泡打粉混合過篩。
· 將綠花椰菜分成小朵，莖切小段。只要事先處理好冷凍保存，就能直接使用（**a**）。
· 將巧達起司磨好。
· 在烤模上薄薄塗抹一層椰子油或菜籽油（未列於材料清單）。
· 將烤箱預熱至200度。

作法

1　將牛奶和美乃滋放入調理盆，用打蛋器攪拌（**b**），再加入過篩好的粉類、白砂糖、洋蔥粉、鹽和黑胡椒加以攪拌，但不需揉捏（**c**）。可以稍微留些麵粉塊無妨。

2　將 1 的麵糊的一半等量填入烤模（**d**），再放入一半的綠花椰菜和一半的巧達起司（**e**）。

3　將剩餘的麵糊蓋上去（**f**），再依序疊入剩餘的花椰菜和剩餘的巧達起司（**g**）。

4　放進200度烤箱烤18～20分鐘。用竹籤刺進去，如果沒有沾上任何生麵糊便大功告成。放置數分鐘之後，用抹刀之類的工具將馬芬從烤模當中取出（**h**），放在蛋糕冷卻架上冷卻。

a　b　c　d
e　f　g　h

洋蔥加啤酒馬芬

在美國，啤酒可用來製作派、餅乾和麵包。
若是用來做馬芬，就能創造出一股獨特的苦味和濃厚的口感。不使用雞蛋的麵糊，
令人聯想起發酵麵包。加入洋蔥和凱莉茴香籽*一起烘烤，香氣十足。

*又稱葛縷子。

材料（直徑7cm×高度3.5cm的馬芬烤模6個）

全麥粉 … 140g

泡打粉 … 1小匙

小蘇打粉 … ¼小匙

黑胡椒 … 少許

凱莉茴香籽 … ½小匙

蜂蜜 … 20g

菜籽油或太白芝麻油 … 25g

牛奶 … 70ml

啤酒（淡味）… 70g

洋蔥 … 小½個

培根 … 70g

炸洋蔥（市售品）… 適量

前置作業

・將全麥粉、泡打粉和小蘇打粉混合過篩。

・將洋蔥切碎。培根切丁。

・將牛奶和啤酒放置至室溫。

・在烤模上薄薄塗抹一層椰子油或菜籽油（未列於材料清單）。

・將烤箱預熱至190度。

作法

1 將培根放進平底鍋翻炒（不加油），待出油後加入洋蔥一起炒。等洋蔥炒軟之後盛裝到紙巾上鋪平，放置冷卻（a）。

2 將蜂蜜放入調理盆，依序加入菜籽油、牛奶和啤酒，用打蛋器攪拌均勻（b）。

3 加入過篩好的粉類、鹽、黑胡椒和凱莉茴香籽（c）加以攪拌，但不需揉捏。趁粉粉的感覺還存在的時候將 1 加進去，用刮刀攪拌均勻（d）。可以稍微留些麵粉塊無妨。

4 等量填入烤模，放上炸洋蔥（e）。放進190度烤箱烤18分鐘左右。

5 用竹籤刺進去（f），如果沒有沾上任何生麵糊便大功告成。放置數分鐘之後，用抹刀之類的工具將馬芬從烤模當中取出，放在蛋糕冷卻架上冷卻（g）。還溫熱的時候最好吃。

綠洋蔥·
玉米麵包馬芬

使用了玉米粉的馬芬，
若是再加入香草或香料，咪道馬上就會變得更有深度。
這次利用胡椒粉增加辛辣感，
再添加大量細蔥，烤得香氣誘人。
罐頭玉米有點水水的不太適合做馬芬，請選用冷凍玉米。

材料（直徑7cm×高度3.5cm的馬芬烤模6個）

玉米粉 – 70g

低筋麵粉 – 60g

泡打粉 – ¾小匙

小蘇打粉 – ¼小匙

鹽 – ¼小匙

黑胡椒 – ¼小匙

蛋（中）– 1個

蜂蜜 – 20g

菜籽油或太白芝麻油 – 40g

原味優格 – 120g

牛奶 – 30ml

冷凍玉米（不解凍）– 100g

細蔥或蝦夷蔥 – 30g

前置作業

・將玉米粉、低筋麵粉、泡打粉和小蘇打混合。

・將蛋、原味優格和牛奶放置至室溫。

・將細蔥切成蔥花。只要事先處理好冷凍保存，就能直接使用。

・在烤模上薄薄塗抹一層椰子油或菜籽油（未列於材料清單）。

・將烤箱預熱至200度。

作法

1 將蛋打入調理盆，用打蛋器打散，加入蜂蜜攪拌（**a**），再加入菜籽油、優格和牛奶，每加入一種都要攪拌均勻（**b**）。

2 將混合好的粉類一邊過篩一邊加入（**c**），再加入鹽和黑胡椒加以攪拌，但不需揉捏（**d**）。

3 趁粉粉的感覺還存在的時候加入玉米粉和細蔥（**e**），用刮刀攪拌（**f**）。可以稍微留些麵粉塊無妨。

4 等量填入烤模（**g**），放進200度烤箱烤18分鐘左右（**h**）。

5 用竹籤刺進去，如果沒有沾上任何生麵糊便大功告成。放置數分鐘之後，用抹刀之類的工具將馬芬從烤模當中取出，放在蛋糕冷卻架上冷卻。

a b c d e
f g h

甜地瓜馬芬

使用美國南部廣為栽培的地瓜，刻意不加雞蛋，
做成口感紮實的馬芬。重點在於利用五香粉來提升香氣，讓人回味無窮。
首先先單純品嚐味道。接下來再塗上奶油乳酪享用。

材料（直徑7cm×高度3.5cm的馬芬烤模6個）

全麥粉 — 60g
低筋麵粉 — 60g
泡打粉 — 1又¼小匙
五香粉 — 1小匙
地瓜 — 去皮120g
棕糖或黑糖 — 30g
蜂蜜 — 20g
椰子油或菜籽油 — 20g
椰奶 — 140g

前置作業

· 將全麥粉、低筋麵粉、泡打粉和五香粉混合。
· 將地瓜連皮一起用烘焙紙和鋁箔紙包好，放入預熱
  200度的烤箱烤30分鐘。用竹籤刺進去，若能順利穿
  過便烤好了。
· 若椰子油結塊便隔水加熱融化。
· 在烤模上薄薄塗抹一層椰子油或菜籽油（未列於材料
  清單）。
· 將烤箱預熱至190度。

作法

1 將烤好的地瓜去皮（**a**），切成適當的大小放入
  調理盆，用打蛋器搗爛（**b**）。

2 加入棕糖磨勻，再加入蜂蜜攪拌。依序加入椰子
  油和椰奶（**c**），每加入一種都用打蛋器攪拌均
  勻。

3 將混合好的粉類一邊過篩一邊加入（**d**），用刮
  刀攪拌但不需揉捏（**e**）。

4 等量填入烤模（**f**），放進190度烤箱烤18～20
  分鐘。用竹籤刺進去，如果沒有沾上任何生麵糊
  便大功告成。放置數分鐘之後，用抹刀之類的工
  具將馬芬從烤模當中取出，放在蛋糕冷卻架上冷
  卻。

5 直接食用，或是依照個人喜好抹上奶油乳酪（未
  列於材料清單）享用亦可。

羅勒小黃瓜馬芬的鮭魚三明治

放了小黃瓜的麵糊裡，再加入羅勒，做成有如正餐的馬芬。
夾進鮭魚和奶油起司的時候，才算是完成了調味，
所以麵糊裡不放鹽，做成清爽的滋味。

材料（直徑7cm×高度3.5cm的馬芬烤模6個）

低筋麵粉 … 140g

泡打粉 … 1又¼小匙

蛋（中）… 1個

蜂蜜 … 20g

椰子油或奶油 … 30g

椰奶 … 120g

小黃瓜 … 60g

乾羅勒 … 1小匙多

● 最終完工用

　奶油乳酪 … 60g

　小黃瓜 … 2根

　煙燻鮭魚 … 根據大小6～12片

前置作業

・將低筋麵粉和泡打粉混合過篩。

・將蛋放置至室溫。

・當椰子油結塊，以及奶油準備使用之前皆需要隔水加
　熱融化。

・用手將乾羅勒磨碎。

・在烤模上薄薄塗抹一層椰子油或菜籽油（未列於材料
　清單）。

・將烤箱預熱至200度。

作法

1 麵糊用小黃瓜和最後完工用小黃瓜，都需要用刨
　絲器或起司刨刀連皮一起刨成細絲（**a**）並稍微
　去除水氣。

2 將蛋打入調理盆，用打蛋器打散，依序加入蜂
　蜜、椰子油和椰奶，每加入一種都要仔細攪拌，
　然後加入小黃瓜攪拌均勻（**b**）。

3 加入過篩好的粉類和羅勒並攪拌，但不需揉捏。
　可以稍微留些麵粉塊無妨。

4 等量填入烤模，放進200度烤箱烤18分鐘左右。
　用竹籤刺進去，如果沒有沾上任何生麵糊便大功
　告成。放置數分鐘之後，用抹刀之類的工具將馬
　芬從烤模當中取出，放在蛋糕冷卻架上冷卻。

5 將馬芬橫向對切，在下半部的切口上塗抹奶油乳
　酪，依序等量地放上小黃瓜和煙熏鮭魚片，再把
　上半部放回去。

a　　　　b

薄荷小黃瓜馬芬

流傳於美國西北部，稍微有點與眾不同的小黃瓜馬芬。
刻意將飄散著薄荷香的蛋糕體做得有點乾，
是為了讓人可以更加愉快地享用隱藏在裡面的奶油乳酪和橘皮果醬。

材料（直徑7cm×高度3.5cm的馬芬烤模6個）

低筋麵粉⋯140g

泡打粉⋯1又¼小匙

蛋（中）⋯1個

蜂蜜⋯20g

椰子油或奶油⋯30g

椰奶⋯120g

小黃瓜⋯60g

薄荷⋯2小匙

奶油乳酪⋯60g

橘皮果醬⋯30g

前置作業

・將低筋麵粉和泡打粉混合過篩。

・將蛋放置至室溫。

・當椰子油結塊，以及奶油準備使用之前皆需要隔水加熱融化。

・用手將薄荷大略撕碎。

・在烤模上薄薄塗抹一層椰子油或菜籽油（未列於材料清單）。

・將烤箱預熱至200度。

作法

1 小黃瓜用刨絲器或起司刨刀連皮一起刨成細絲，稍微去除水氣。

2 將蛋打入調理盆，用打蛋器打散，依序加入蜂蜜、椰子油和椰奶，每加入一種都要仔細攪拌，然後加入小黃瓜和薄荷攪拌均勻。

3 加入過篩好的粉類並攪拌，但不需揉捏。可以稍微留些麵粉塊無妨。

4 將一半的麵糊等量填入烤模，然後將奶油乳酪和橘皮果醬等量加入（**a**），再將剩下的麵糊蓋上去。

5 放進200度烤箱烤18分鐘左右。用竹籤刺進去，如果沒有沾上任何生麵糊便大功告成。放置數分鐘之後，用抹刀之類的工具將馬芬從烤模當中取出，放在蛋糕冷卻架上冷卻。還溫熱的時候最好吃。

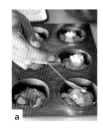

a

晨暉馬芬（Morning Glory Muffin）

這道加了紅蘿蔔和蘋果的馬芬，是為了早上能夠確實攝取營養而做的主食。
據說名稱的由來就是源自於此。因為不需要鬆軟的口感，
所以泡打粉的分量有稍微降低。也可以依照個人喜好添加椰絲。

材料（直徑7cm×高度3.5cm的馬芬烤模6個）

全麥粉 — 120g
泡打粉 — 1小匙
肉桂粉 — 1小匙
蛋（中）— 1個
蜂蜜 — 40g
菜籽油或太白芝麻油 — 40g
紅蘿蔔 — 100g
蘋果（低農藥）— 100g
蔓越莓乾 — 40g

前置作業

· 將全麥粉、泡打粉和肉桂粉混合。
· 將蛋放置至室溫。
· 將蔓越莓乾浸泡在熱水裡1分鐘左右，用篩網撈起冷
  卻，擦去水氣。
· 在烤模上薄薄塗抹一層椰子油或菜籽油（未列於材料
  清單）。
· 將烤箱預熱至190度。

作法

1 紅蘿蔔用刨絲器或起司刨刀刨成細絲。蘋果盡可
  能地連皮切成細絲。
2 將蛋打入調理盆，用打蛋器打散，依序加入蜂蜜
  和菜籽油仔細攪拌（**a**），然後加入紅蘿蔔和蘋
  果，用刮刀攪拌均勻（**b**）。
3 將混合好的粉類一邊過篩一邊加入並攪拌
  （**c**），但不需揉捏。趁粉粉的感覺還存在的時
  候加入蔓越莓乾（**d**），攪拌（**e**）。可以稍微留
  些麵粉塊無妨。
4 等量填入烤模（**f**），放進190度烤箱烤18～20分
  鐘左右。用竹籤刺進去，如果沒有沾上任何生麵
  糊便大功告成。放置數分鐘之後，用抹刀之類的
  工具將馬芬從烤模當中取出，放在蛋糕冷卻架上
  冷卻。

TITLE

菓子研究家的創意馬芬

STAFF

ORIGINAL JAPANESE EDITION STAFF

出版	瑞昇文化事業股份有限公司
編著	長田佳子　立道嶺央　田中博子
	ムラヨシマサユキ　今井洋子　原 亜樹子
譯者	江宓蓁
總編輯	郭湘齡
文字編輯	徐承義　蔣詩綺　陳亭安　李冠緯
美術編輯	孫慧琪
排版	二次方數位設計
製版	印研科技有限公司
印刷	桂林彩色印刷股份有限公司
法律顧問	經兆國際法律事務所　黃沛聲律師
戶名	瑞昇文化事業股份有限公司
劃撥帳號	19598343
地址	新北市中和區景平路464巷2弄1-4號
電話	(02)2945-3191
傳真	(02)2945-3190
網址	www.rising-books.com.tw
Mail	deepblue@rising-books.com.tw
初版日期	2018年12月
定價	350元

ブックデザイン	福間優子
撮影	邑口京一郎
	（表紙、p.18〜49、p.66〜95）
	三木麻奈
	（裏表紙、p.6〜17、p.32〜33、p.50〜67）
編集	松原京子
校正	安久都淳子
DTP制作	天龍社

國家圖書館出版品預行編目資料

菓子研究家的創意馬芬 / 長田佳子等編
; 江宓蓁譯. -- 初版. -- 新北市 : 瑞昇文
化，2018.12
96面 ; 18.5 X 25.7公分
譯自：あたらしいマフィン
ISBN 978-986-401-287-9(平裝)
1.點心食譜

427.16　　　　　　　　　107018170